JN062266

改訂新版

セキュリティエンジニアの教科書

The textbook of the security engineer

一般社団法人 日本シーサート協議会
シーサート人材ワーキンググループ

C&R研究所

● 本書の内容についてのお問い合わせについて

　この度はC&R研究所の書籍をお買いあげいただきましてありがとうございます。本書の内容に関するお問い合わせは、「書名」「該当するページ番号」「返信先」を必ず明記の上、C&R研究所のホームページ(https://www.c-r.com/)の右上の「お問い合わせ」をクリックし、専用フォームからお送りいただくか、FAXまたは郵送で次の宛先までお送りください。お電話でのお問い合わせや本書の内容とは直接的に関係のない事柄に関するご質問にはお答えできませんので、あらかじめご了承ください。

〒950-3122 新潟県新潟市北区西名目所4083-6　株式会社 C&R研究所　編集部
FAX 025-258-2801
『改訂新版 セキュリティエンジニアの教科書』サポート係

はじめに

　本書は、IT関連の基礎知識があることを前提として、セキュリティエンジニアを目指す学生や、セキュリティ関係の部署に人事異動したもののサイバーセキュリティの知識をあまり持っていない社会人などを対象にした教科書です。

　サイバーセキュリティはますます重要性を増しており、セキュリティエンジニアの需要も高まっています。しかし、セキュリティと一口にいっても、多岐にわたる分野が存在し、分野によって求められるものが異なります。

　本書の前半では、どのようなセキュリティエンジニアを目指す場合でも知っておかなければならない基礎知識を解説します。

　また、後半では、次のような一般的な企業において求められるセキュリティエンジニアの職種に必要な共通知識と専門知識を解説します。

- 情報システムを監視してサイバー攻撃を検知する人
- セキュリティインシデントが起きたときに対応を指揮したり他組織に連絡したりして統括する人
- サイバー攻撃やインシデントを分析して対抗手段を考案する人
- 情報システムの弱点（脆弱性）を発見して解消するように管理する人
- 情報システムを開発するときにサイバー攻撃に強いシステムを設計する人
- 組織全体のセキュリティをマネジメントする人

　本書は、現役のセキュリティエンジニアが、実際に現場で経験した事例をもとに執筆しました。本書がセキュリティエンジニアとしての学習の一助となり、自身に最適なセキュリティエンジニアの職種やキャリアパスを見つける手助けとなることを願っています。

2024年3月

一般社団法人 日本シーサート協議会

シーサート人材ワーキンググループ

執筆者一同

目次 contents

◆ CHAPTER-02

セキュリティエンジニアの仕事

● CHAPTER-03

セキュリティマネジメント

CHAPTER-04

セキュア開発

CHAPTER-05

脆弱性対応

●CHAPTER-08

インシデント管理とインシデント処理

CHAPTER
01

情報セキュリティの基礎知識

>>> **本章の概要**

　本章では、「情報セキュリティとはそもそも何か」「セキュリティを守るための対策とは何か」「攻撃者がなぜ、どのようにサイバー攻撃を行うのか」など、セキュリティエンジニアの仕事を理解するための重要な情報セキュリティの基礎を解説していきます。

情報セキュリティとは

　そもそも情報セキュリティとは、何を指す言葉でしょうか。情報は、個人が生活したり、企業が経済活動を行ったりするときに必要な大事な要素です。

　国際規格であるISO/IEC27001（情報セキュリティマネジメントシステム-要求事項）では、情報セキュリティを『情報の「機密性」「完全性」「可用性」を維持すること』と定義しています。

　情報セキュリティとは、情報への不正なアクセスや漏えいを防止（機密性）し、情報の改ざんや破壊を阻止（完全性）し、情報が必要なときに利用可能である（可用性）状態を維持することで、豊かな生活や社会には欠かせないものです。

情報資産

　組織は、活動にあたってさまざまな情報を取り扱います。

　たとえば、製品を開発する企業であれば、製品に使用する材料の物性などの仕様、製品の組み立て手順などを示す設計図面や製造方法、製品に組み込むソフトウェアのソースコードや仕様書、製品保守マニュアル、および特許などの技術情報です。在庫情報、生産スケジュールなどの生産計画データ、不良率などの品質管理データ、原材料の価格や製品の生産コストなどの生産管理の情報も大切です。

　製品を販売する企業であれば、取引先の顧客情報や顧客が注文した製品の数量、価格、納期などの注文情報、在庫情報、過去の販売データや将来の販売予測データ、マーケティングデータなどの販売管理情報です。

　このような組織が取り扱う、活動に必要な情報は「情報資産」と呼ばれます。情報資産は、情報そのものだけでなく、情報を取り扱う情報システムやその記録媒体も含みます。

●情報資産の例

財務情報

人事情報、顧客情報

技術情報

コンピュータ

記録媒体、紙

人の記憶や知識

13

一般的な情報資産の例を次に挙げます。

●情報資産の例

情報資産	説明
企業秘密	営業秘密、製造方法、製品設計図、ビジネス戦略、市場調査データなど
顧客情報	顧客の個人情報や購買履歴など
知的財産	特許、商標、著作権など
財務情報	資産、負債、損益、予算、財務報告書など
従業員情報	従業員の個人情報、給与データ、健康情報、労働契約など
情報システム	コンピュータ、ネットワーク機器、ネットワーク、ソフトウェア、ソフトウェアライセンスなど

セキュリティ対策とは

　サイバー攻撃では、悪意を持った第三者が情報資産に不正にアクセスして機密情報を盗んだり、システムを破壊したりします。その結果、組織は正常な活動ができなくなります。

　こうならないようにするには、どうすればいいでしょうか。サイバー攻撃から組織や個人の情報資産を守るための手段や方法が「セキュリティ対策」です。セキュリティ対策とは、前節で説明した情報資産を守ることであり、それら情報の機密性、完全性、可用性を維持するための仕組みです。

　具体的には、サイバー攻撃や内部不正、マルウェア感染から情報や情報システムを守るために、防御や監視のシステムを導入したり、ルールを定めて個人に教えたり、守らせたりします。情報資産や情報システムを守るために、いろいろなセキュリティ対策の方法のなかから、最適な方法を選択します。

🔷 セキュリティ対策の種類

　セキュリティ対策は、情報資産の把握や情報の取り扱い規程の整備といった「組織的セキュリティ対策」、従業員の教育や訓練といった「人的セキュリティ対策」、盗難や破壊の防止といった「物理的セキュリティ対策」、アクセス制御やマルウェア対策ソフトウェアの導入といった「技術的セキュリティ対策」の4つに分類できます。

◉セキュリティ対策の種類

セキュリティ対策	説明
組織的セキュリティ対策	セキュリティポリシーやセキュリティ対策ルールを策定する。定期的なセキュリティ監査などを通じ、セキュリティの維持改善を行う
人的セキュリティ対策	従業員のセキュリティ意識を高める教育をする。たとえば、従業員がフィッシングと呼ばれる攻撃の被害にあわないよう、不審なメールを見分ける訓練をする
物理的セキュリティ対策	重要な情報資産があるデータセンタやサーバルームなどのセキュリティ対象区域の人やモノの出入りを管理する。コンピュータや機器、記録媒体などの情報資産の所有者や使用場所、操作を管理する
技術的セキュリティ対策	情報システムにセキュリティ対策を実施する。たとえば、異なるネットワークとの境界へのファイアウォールの設置、侵入検知システムの導入、脆弱性への対策、ログの監視などを実施する

情報セキュリティの要素

情報セキュリティの基本的な要素を説明します。

🔷 情報セキュリティの3要素（CIA）

12ページで説明したように、情報セキュリティとは、情報の機密性（Confidentiality）、完全性（Integrity）、可用性（Availability）を維持することです。この3つの要素は、その頭文字を取って「CIA」と略します。

◆ 機密性（Confidentiality）

機密性を維持できている状態とは、許可した人やデバイスのみが情報へアクセスできるように制御できている状態を指します。情報の機密性が維持できなくなった状態が、情報の漏えいです。

機密性を維持するためには、情報へのアクセスを許可した人やデバイスの正当性を確認します。アクセスを許可していない人やデバイスがアクセスできないようにします。

◆ 完全性（Integrity）

完全性を維持できている状態とは、情報が改ざん、破壊、消去されず正確に保つことができている状態を指します。

完全性を維持するためには、許可なしで情報を変更できないように制御したり、情報の書き換えが不可能な紙やCD、DVDメディアなどの記録媒体へ保存したりします。

◆ 可用性（Availability）

可用性を維持できている状態とは、情報が必要なときに利用できる状態を指します。可用性を維持するためには、たとえば、データが必要なときにシステム障害で情報へアクセスできない事態を防ぐために、情報システムの冗長化を行います。

●情報セキュリティの3要素

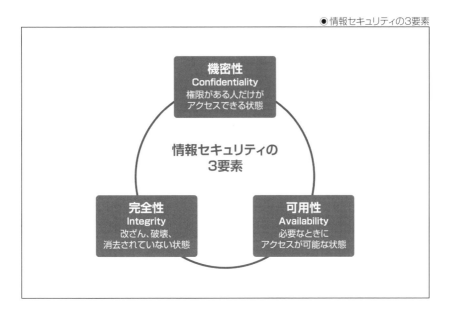

🔳 情報資産のCIAの維持

　組織における情報セキュリティとは、情報だけでなく、情報資産のCIAを維持することです。機密性、完全性、可用性が重要な情報システムを例示します。

◆ 機密性が重要なシステム

　個人情報や軍事情報、発表前の新製品情報など、機密性が高い情報を取り扱う情報システムは、機密性の維持に注意してセキュリティ対策しなければなりません。この情報システムの大きなリスクは、情報漏えいです。

　たとえば、会社から製品の製造方法が漏えいした場合、他の企業も同じ製品を製造して販売できるようになります。コピー商品が出回り、製品が売れなくなって機会損失につながります。

◆ 完全性が重要な情報システム

　金融機関の金銭に関係する情報、会社の財務や経理の情報など、正確性を求める情報を取り扱う情報システムは、完全性の維持に注意してセキュリティ対策をしなければなりません。この情報システムの大きなリスクは、情報の改ざんです。

　たとえば、企業の公開した決算情報を改ざんされた場合、企業の信頼を損ねます。

◆ 可用性が重要な情報システム

通信サービス、電力を制御する情報システム、電子マネーサービス、交通機関の電子チケットサービス、放送システムなど、重要インフラに関係する情報システムは、停止すると社会全体で大混乱が起きるため、可用性の維持に注意してセキュリティ対策をしなければなりません。この情報システムの大きなリスクは、情報システムの停止です。

たとえば、携帯電話のシステムが停止した場合、通話でだけでなく、携帯電話を利用した各種サービスが利用できなくなります。

🟦 情報セキュリティの7要素（CIA+真正性/責任追従性/否認防止/信頼性）

情報セキュリティの重要性が高まったため、前述のCIAに加え、次の4つの要素も使用するようになりました。

◆ 真正性（Authenticity）

真正性を維持できている状態とは、個人、組織、情報システム、情報などが正当でなりすまされていないことを保証できる状態を指します。

◆ 責任追従性（Accountability）

責任追従性を維持できている状態とは、情報を閲覧や変更した個人・組織を特定、追跡できる状態を指します。

◆ 否認防止（Non-repudiation）

否認防止を維持できている状態とは、情報の閲覧や変更したことを後から否定できない状態を指します。

◆ 信頼性（Reliability）

信頼性を維持できている状態とは、情報システムが意図した通りに一貫して動作する状態を指します。

🟦 複数のセキュリティ対策の干渉と最適化

情報セキュリティの7要素を維持するために、複数のセキュリティ対策を行います。複数のセキュリティ対策を行った場合、セキュリティ対策同士が干渉する場合があります。たとえば、機密性を向上するために外部から情報システムへのアクセス制御を厳格化すれば、識別、認証、認可に時間がかかるようになったり、外部から接続できる方法が少なくなったりして、可用性が低下する

おそれがあります。

　複数のセキュリティ対策を行う場合は、それぞれのセキュリティ対策ができるだけ干渉しないセキュリティ対策の組み合わせを探します。

　CIAの3つの要素と4つの追加要素も、お互いに関係します。たとえば、情報システムの信頼性を向上するためには、情報システムが不具合を起こしても停止しないように設計・構築します。情報システムの信頼性の向上は、可用性の確保にもつながります。

　このように複数のセキュリティ対策を導入するときは、情報セキュリティの7要素の特性の干渉や関係を考慮して、最適なセキュリティ対策の組み合わせを選択します。

COLUMN

情報セキュリティの7要素を維持するためのセキュリティ対策の例

　情報セキュリティの各特性を維持するためのセキュリティ対策の例は次の通りです。

●セキュリティ対策の例

特性	セキュリティ対策の例
機密性 （Confidentiality）	・高度なセキュリティ対策が導入済みのデータセンターへサーバー機器などを保管 ・強固なパスワードポリシーを適用して、ブルートフォース攻撃による不正ログインを防止 ・アクセス制限機能を実装して、権限のないユーザーによる情報の閲覧を防止
完全性 （Integrity）	・アクセス制限機能を実装して、権限のないユーザーによる情報の変更を防止 ・暗号技術を用いて情報を暗号化して改ざんを防止 ・バックアップの取得（完全性が失われた場合の復旧手段）
可用性 （Availability）	・情報システムの冗長化 ・予期せぬ停電など電源障害が発生したときに一定時間電力を供給する無停電電源装置（UPS:Uninterruptible Power System）の設置や信頼できるデータセンターの利用
真正性 （Authenticity）	・多要素認証、生体認証の利用 ・公開鍵暗号基盤（PKI）、セキュアチャネル（TLS）の利用
責任追従性 （Accountability）	・アクセスログ、操作ログなどのログの保存 ・情報システムの正確な時刻情報の維持 ・アカウントの使いまわしを防止するための適切なアカウント管理
否認防止 （Non-repudiation）	・アクセスログ、操作ログなどのログの保存 ・情報システムの正確な時刻情報の維持 ・公開鍵暗号基盤（PKI）の利用
信頼性 （Reliability）	・情報システムの誤操作や誤動作が発生したときに、安全な状態にする考え方であるフェイルセーフを前提とした設計 ・情報システムの十分なテスト

01

情報セキュリティの基礎知識

02
03
04
05
06
07
08

脅威と脆弱性とリスク

　組織における情報セキュリティとは、サイバー攻撃によって情報資産のCIAの維持が失われて被害が発生しないようにセキュリティ対策を行うことです。このセキュリティ対策を行うには、情報資産を特定して、脅威と脆弱性を洗い出し、その影響範囲や発生確率などを考慮し、リスクを明確にすることです。

　ここでは、脅威と脆弱性、リスクを説明します。

🔷 脅威（Threat）

　脅威とは、情報システムやデータに損害を与えうる状況や事象を指します。たとえば、不正プログラム、攻撃者による不正アクセス、自然災害、悪意のある内部者の不正行為などが脅威です。

🔷 脆弱性（Vulnerability）

　脆弱性とは、情報システムやソフトウェア、ネットワークに存在する不具合や設計上の欠陥など、脅威が悪用するおそれのある弱点を指します。たとえば、メモリ領域管理の不具合であるバッファオーバーフロー、不十分な入力値チェックによるSQLインジェクション、不適切なアクセス制限、強度の弱いパスワードの使用などです。

　これらのさまざまな種類の脆弱性は、国際的によく知られた識別子CWE（Common Weakness Enumeration）を使って分類できます。

🔷 リスク（Risk）

　脅威が脆弱性のある情報システムに影響すると、情報漏えい、情報システムの停止、データ破壊などの被害が起きるおそれがあります。

　この確率的な負の影響のことを情報セキュリティの分野では、リスク、または情報セキュリティリスクと呼びます。つまり、情報セキュリティの分野のリスクは、脅威と脆弱性と情報資産の組み合わせにより確率的に生じます。

　リスクの有無と大きさは、状況によって異なります。たとえば、外部からの不正アクセスによる影響の有無や大きさは、攻撃者の技術力やセキュリティ対策の良し悪し、情報資産の価値によって変動します。

◉ 脅威と脆弱性とリスク

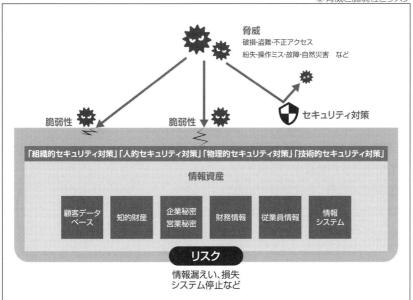

セキュリティリスク分析

前述の情報セキュリティのリスクの有無や大きさを評価して明確にする手法がセキュリティリスク分析です。情報セキュリティにおけるセキュリティリスク分析とは、たとえば、資産価値と脅威と脆弱性を使った詳細リスク分析と呼ばれる手法でセキュリティリスクを分析して評価することです。

詳細リスク分析の手順は下記のようになります。

1 守るべき情報資産の価値算出

2 脅威の列挙と影響確率の算出

3 脆弱性の特定と影響度の算出

4 リスクの評価

各手順を詳しく説明します。

⬢ 守るべき情報資産の価値算出

組織が保有する情報資産を特定します。その情報資産の価値を算出します。資産価値の算出が難しい場合は、資産価値を相対評価します。

たとえば、資産価値が高い=3、中くらい=2、低い=1にします。

⬢ 脅威の列挙と影響確率の算出

情報資産が直面するさまざまな脅威を列挙します。脅威が特定の資産の脆弱性へ影響する確率を算出します。確率の算出が難しい場合は、相対評価します。

たとえば、必ず影響あり=2、時々影響あり=1、影響なし=0にします。

⬢ 脆弱性の特定と影響度の算出

情報資産を取り扱う情報システムやプロセスに存在する脆弱性を特定します。脅威がその脆弱性を悪用できるかどうかを分析します。たとえば、ある情報資産に脆弱性が1つ存在して、脅威がその脆弱性へ影響を与える場合、その脆弱性による情報資産への影響度を算出します。定量的な算出が難しい場合は、相対評価します。

たとえば、脆弱性の影響度大=3、影響度中=2、影響度低=1にします。

🔩 リスクの評価

　上記の情報資産、脅威の確率、脆弱性の影響の大きさを使って、各情報資産の脆弱性を脅威が悪用して負の影響（損害）が起きた場合のリスク値を算出します。

リスク値 = 情報資産の価値 × 脅威の影響確率 × 脆弱性の影響度

●リスク分析表

情報資産	情報資産の価値	脅威の影響確率	脆弱性の影響度	リスク値
情報資産A	2	0	1	0
情報資産B	1	2	2	4
情報資産C	3	1	3	9

　上記の手順で組織が持つ情報資産のリスクを定量的に算出すれば、リスク値の大きな情報資産の脆弱性から優先的にセキュリティ対策を行えます。

　リスクに対してヒト・カネ・モノといったリソースを適切に割り当てれば、組織の情報資産のセキュリティ対策が効率的に進みます。

リスク低減/軽減、リスク移転、リスク受容、リスク回避

　リスク分析において評価したリスクへのセキュリティ対策を検討するときは、次の4つの中からリスクを処理する方針を決めます。

- リスク低減/軽減(Risk Mitigation)
- リスク移転(Risk Transfer)
- リスク受容(Risk Acceptance)
- リスク回避(Risk Avoidance)

● リスク低減/軽減(Risk Mitigation)

　リスク低減/軽減は、被害の発生確率や影響を減らす方針です。この方針のセキュリティ対策は、たとえば新しいセキュリティ機器の導入、脆弱性の修正、情報セキュリティポリシーや手順の改善などがあります。セキュリティ対策を決定するときは、どこまでリスクを低減するべきか、取りうるセキュリティ対策の中から最適な対策を選択します。

　最適なセキュリティ対策の組み合わせを検討するときは、7つの要素の特性の干渉や関係性に加えて、リスクの低減量、セキュリティ対策のコスト、セキュリティ対策の導入完了までの時間も考慮に入れなければなりません。

　複雑な検討が必要であり、セキュリティ担当者が頭を悩ませる問題の1つです。

● リスク移転(Risk Transfer)

　リスク移転は、被害の影響や損害、セキュリティ対策を第三者に移すことです。たとえば、保険契約の締結により、リスクの一部またはすべてを保険会社に移す、すなわち被害が発生した場合の損害の一部または全部を保険金で補填することです。

● リスク受容(Risk Acceptance)

　リスク受容は被害が発生する確率や影響を認識し、セキュリティ対策を行わず、その被害の発生確率や影響をそのままにして、損害を受け入れることです。被害の発生確率が低い場合や、セキュリティ対策を講じるためのコストや労力が被害の影響よりも大きい場合に、この方針に決定することがあります。

🔹 リスク回避（Risk Avoidance）

　リスク回避はリスクを取り除くことです。これには、特定の活動や情報システムの使用を避ける、特定のソフトウェアやサービスの使用を中止するなどの方法があります。被害の影響が非常に大きい場合や、他のセキュリティ対策の導入が困難な場合に、この方針をとることがあります。

◉リスクとその処理方針

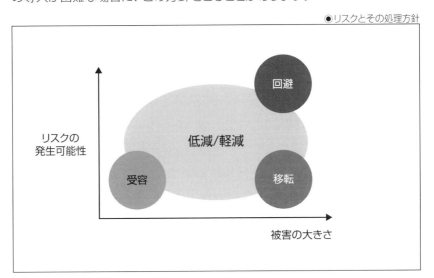

サイバー攻撃とその種類

スマートフォンなどのデバイスやコンピュータ、およびインターネットは我々の生活に深く浸透しています。スマートフォンの画面から、インターネットを通じて金融機関への振り込みや、衣類・生活用品の買い物が簡単にできるようになっただけでなく、生活を支える電気やガスのメーターさえもインターネットを通じてリアルタイムにデータを管理できるようになりました。

インターネットを介したサイバー攻撃には、時間と場所の制約がありません。つまり、サイバー攻撃は24時間365日、全世界のどこからでも実行でき、その標的は制限がありません。そのため、個人から企業、さらには国家機関が保有するさまざまな情報資産までもがサイバー攻撃の対象になります。

🌐 サイバー攻撃の種類の例

高度なIT技術の普及と情報のデジタル化の加速に呼応するように、サイバー攻撃も多様化、高度化し増え続けています。この事態に対応するためには、攻撃者の目的を理解し、サイバー攻撃の手法を学ぶことが不可欠です。一般的なサイバー攻撃の手法を学べば、効果的な情報システムのセキュリティ対策やセキュリティインシデント対応(以下、インシデント対応)につなげることができます。

下記に一般的なサイバー攻撃の種類を説明します。

◆ 不正アクセス

不正アクセスとは、正規の情報システムの利用者ではない攻撃者がシステムにアクセスする行為です。不正なログインや不正なアクセス権の利用を含みます。

◆ クレデンシャルスタッフィング

クレデンシャルスタッフィングとは、攻撃者が不正に取得したユーザー名とパスワードの組み合わせを使用して、情報システムへ不正アクセスする行為です。

◆ 脆弱性の攻撃

脆弱性の攻撃とは、ソフトウェアやハードウェアの脆弱性を悪用して、情報資産のCIAを侵害する行為です。

◆ ゼロデイ攻撃

ゼロデイ攻撃とは、セキュリティパッチがまだリリースされていないなど、セキュリティ対策が確立されていないソフトウェアやハードウェアの脆弱性を悪用した攻撃です。

◆ マルウェア攻撃

マルウェア攻撃とは、ウイルス、ワーム、トロイの木馬など、コンピュータシステムに損害を与えたり、不正アクセスを試みたりする悪意のあるソフトウェアによる攻撃です。ランサムウェアなど、ファイルを暗号化し、解除のために身代金の支払いを要求する悪意のあるソフトウェアによる攻撃を含みます。

◆ ドライブバイダウンロード

ドライブバイダウンロードとは、攻撃者が被害者のコンピュータにマルウェアをダウンロードさせる攻撃手法です。被害者が特定のWebサイトを訪れ、マルウェアをダウンロード、実行すると感染が始まります。

◆ アドバンスト・パーシステント・スレット攻撃

アドバンスト・パーシステント・スレット攻撃(Advanced Persistent Threat Attack：APT Attack)とは、先進的で執拗な脅威です。APT攻撃者は、明確な攻撃の目的と実行能力を有し、組織化され、十分な資金を持ち、また豊富な経験を有する者が連携して活動します。

◆ サービス拒否攻撃および分散サービス拒否攻撃

サービス拒否攻撃(DoS攻撃)、分散サービス拒否攻撃(DDoS攻撃)とは、ネットワーク、システム、Webサイトなどに過度な負荷をかけて利用不可にする攻撃です。

◉DDoS攻撃

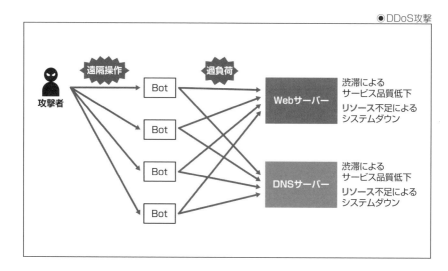

◆ フィッシング

　フィッシングとは、不正なEメール、メッセージ、またはWebサイトを使用して個人をだます手法です。フィッシングメール、フィッシングサイト、標的型攻撃メール、ビジネスメール詐欺（BEC：Business Email Compromise）、スミッシングなどが該当します。

◉不正なEメールの例

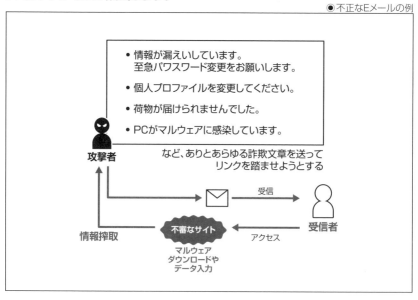

◆ ソーシャルエンジニアリング

ソーシャルエンジニアリングとは、個人を欺いて機密情報を明かさせたり、セキュリティを脅かす行動を取らせたりする手法です。

◆ 中間者攻撃

中間者攻撃とは、攻撃者が二者間の通信に割り込み中継し、知られることなく通信を盗聴または改ざんする手法です。

◆ SQLインジェクション

SQLインジェクションとは、Webサイトやアプリケーションの脆弱性を悪用し、悪意のあるSQLコードを挿入してデータベースを操作する攻撃です。

●SQLインジェクション攻撃

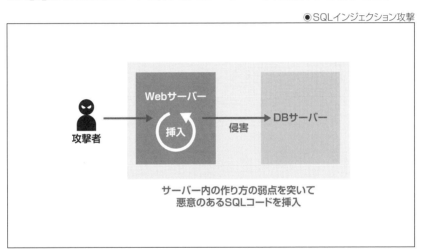

◆ クロスサイトスクリプティング（XSS）

クロスサイトスクリプティングとは、攻撃者がWebサイトの脆弱性を悪用し、悪意のあるスクリプトをWebサイトに挿入する攻撃です。Webサイトの利用者が、細工されたURLや悪意あるスクリプトを埋め込まれたWebページにアクセスすると、機密情報が盗まれるなどの被害が発生します。

01

情報セキュリティの基礎知識

02
03
04
05
06
07
08

🔷 サイバー攻撃の目的

情報資産を狙ったサイバー攻撃には、何らかの目的があります。サイバー攻撃の目的は、下記に分類できます。

◆ 金銭

サイバー攻撃の多くは金銭の不正入手を目的としています。個人のクレジットカード情報を狙ったフィッシング攻撃やランサムウェアと呼ばれる身代金の支払いを要求するマルウェアがわかりやすい例です。攻撃者は、個人情報やクレジットカード情報、組織の情報システムの脆弱性情報をダークウェブ上で暗号資産を支払いに使って売買しています。

それらの情報を不正に入手することを目的としたサイバー攻撃も金銭目的に該当する場合があります。

◆ 機密情報の窃取

自社の競争優位性を確保するため、他社や他組織の機密情報を窃取する目的でサイバー攻撃を行います。国を越えたサイバー攻撃もしばしば起こります。国家が自国の産業を発展するために行う場合もあります。

◆ 組織への復讐

組織に対する不満や復讐心をもった従業員・元従業員、あるいは組織の関係者が、サイバー攻撃で機密情報を持ち出したり、情報システムを破壊したりします。

◆ 主義主張

特定の攻撃者(ハクティビストと呼ばれる)は自身の主義主張へ社会的な注目を集めるために、サイバー攻撃を行います。Webサイトを改ざんしたり、ネットワークやサーバーに負荷を与えてサービスを停止したりすれば、ニュースメディアが取り上げて注目を集めることができます。

主義主張に関係する個人や組織だけでなく、有名な組織やWebサイトをサイバー攻撃して注目を集めようとします。

SNSを使ってサイバー攻撃を予告したり、サイバー攻撃の成功を公表したりもします。

◆ サイバー戦争・サイバーテロ

今日、サイバー空間は社会・経済のみならず、軍事を含めたあらゆる活動の舞台となり、陸、海、空、宇宙に次ぐ第5の戦場になりました。

サイバー攻撃によって、国家の機密情報の窃取や社会インフラの破壊、軍事システムの妨害などが生じてしまうことで、国益を損なう事態や社会の混乱が引き起こされるおそれがあります。

🧊 攻撃者

攻撃者は、前述のサイバー攻撃を行う目的を持った組織や人です。サイバー攻撃は、個人で行う場合もあれば、組織で行う場合もあります。攻撃者は、高度な技術を駆使する攻撃者から、技術力や専門知識がない攻撃者まで幅広く存在します。高度な攻撃者は、ゼロデイ脆弱性を発見して新しい攻撃を行ったり、独自のマルウェアを開発したりします。

一方で、技術的なスキルがない攻撃者は、他人が開発した攻撃ツールやマルウェアを入手して使用します。技術的なスキルがない攻撃者も、比較的容易にサイバー攻撃を行うことができます。

また、サイバー攻撃は組織外から発生するとは限りません。サイバー攻撃の大部分を占める金銭目的のサイバー攻撃は、攻撃者が標的の外部の場合と内部の場合があります。

産業スパイや組織への復讐目的のサイバー攻撃は、組織内の従業員や関係者が攻撃者です。組織内の従業員は、すでに組織内部から情報システムを操作できるため、外部からのサイバー攻撃に対するセキュリティ対策は効果がありません。組織内の従業員や関係者は、すでに組織の情報システムのアクセス権を持っているため、サイバー攻撃でより深刻な被害をもたらします。

01

情報セキュリティの基礎知識

02
03
04
05
06
07
08

サイバー攻撃の手法と
攻撃の各ステップで使われる武器

　一般的に、サイバー攻撃は複数のステップを経て、情報窃取やシステム破壊などの目的を達成します。インターネットが登場した1970年ごろからすでに不正アクセスは存在し、サイバー攻撃その手法とその武器は今も進化し続けています。

　近年では、機械学習技術やAI（人工知能）の発展により、攻撃者は新たなサイバー攻撃の方法を手に入れました。たとえば、AIを使用した洗練された文面のフィッシングメール、あるいはディープフェイクを使った本物と見分けがつかない動画や音声を使用したソーシャルエンジニアリング手法です。

　本節では、サイバー攻撃の攻撃者の行動と実際に使われる武器の例をサイバーキルチェーン（Cyber Kill Chain）というモデルに沿って説明します。

　また、サイバー攻撃手法の分析には、マイターアタック（MITRE ATT&CK）というサイバー攻撃の分類フレームワークが活用できます。これにより攻撃者がどのように情報システムを攻撃し、その後どのように行動するか把握し、セキュリティ対策を立案できます。

🔷 サイバーキルチェーン（Cyber Kill Chain）

　キルチェーン（Kill Chain）はもともと軍事用語です。目標の識別から破壊までのフェーズを段階的に示したモデルであり、開始に近いほどより低いコストと時間で攻撃から回復できるため、転じて防御や先制措置への考え方にも使われています。

　2009年にロッキード・マーチン社がサイバー攻撃におけるキルチェーンとしてサイバーキルチェーンを提唱しました。

　サイバーキルチェーンでは、攻撃者が標的を定めて目的達成するまでの典型的な行動を「偵察」「武器化」「デリバリー」「エクスプロイト」「インストール」「C&C」「目的の実行」の7つのステップに分割します。

　次ページから各ステップを説明します。

◆ 偵察（Reconnaissance）

「偵察」は、標的の組織や情報システムの情報を収集、調査するステップです。情報システムが公開しているIPアドレスやドメイン名、脆弱性情報、SNSや公式ホームページに掲載してある従業員の氏名やEメールアドレスなど、さまざまな情報が収集対象です。組織および役員、従業員の情報は、自分たちが思っている以上に公開されています。

また、構築した後に放置しているWebサーバーや、有効期限が切れて所有権を失ったドメインもサイバー攻撃に悪用できるため、収集対象です。

偵察の手法の例は次の通りです。

- ソーシャルエンジニアリング
- 公開情報の収集
- ネットワークスキャン

◆ 武器化（Weaponization）

「武器化」は、武器（攻撃ツール）を準備するステップです。偵察で見つけた弱点をサイバー攻撃するための武器を作成します。武器はマルウェア、脆弱性を悪用する攻撃コード、バックドアなどです。偵察で集めた情報の精度がよいほど、より効果的な武器が出来上がります。

攻撃ツールの例は次の通りです。

- トロイの木馬、スパイウェア、ランサムウェアなどのマルウェア
- エクスプロイトコード（脆弱性を攻撃するプログラム）
- フィッシングメール

◆ デリバリー（Delivery）

「デリバリー」は、標的に武器を送り込むステップです。Eメールの添付ファイルやURLリンクを使用します。それ以外には、偽装したEコマースサイト（以下、「ECサイト」とする）などのフィッシングサイトから武器をダウンロードさせたり、フリーソフトにマルウェアを同梱したりする方法があります。標的の組織のセキュリティ対策でデリバリーが失敗しても、手を替え品を替え武器を送り込みます。

デリバリー手法の例は次の通りです。

- フィッシング攻撃
- 標的型メール攻撃
- ドライブバイダウンロード

01
情報セキュリティの基礎知識

03
04
05
06
07
08

◆ エクスプロイト(Exploit)

「エクスプロイト」は、武器を標的の情報システムで実行するステップです。脆弱性を悪用して攻撃コードを実行する場合もあれば、Eメールに添付したマルウェアを標的の内部で実行する場合もあります。

エクスプロイトの例は次の通りです。

- SQLインジェクション、OSコマンド・インジェクション、パストラバーサル攻撃
- クロスサイトリクエストフォージェリ、クロスサイトスクリプティング
- パスワードリスト攻撃、ブルートフォース攻撃、レインボーテーブル攻撃、パスワードスプレー攻撃

◆ インストール(Installation)

「インストール」は、永続的なアクセス手段を確立するために、マルウェアなどを情報システムにインストールするステップです。

インストールするマルウェアの例は次の通りです。

- Webシェル(Webサイトに設置されるリモートコマンドを実行するためのプログラム)
- バックドア

◆ C&C(Command and Control)

「C&C」は、標的の情報システムへインストールしたマルウェアと攻撃者が管理するC&Cサーバーの間で通信を確立するステップです。サーバー、パソコン、スマートフォンなどの標的の情報システムを外部から遠隔操作できるようになります。C&Cサーバーとの通信は、通常、セキュリティ機器が検出できないように暗号化や秘匿化します。

C&Cの手法、通信の例は次の通りです。

- ボットネット
- トンネリング(HTTPSやDNSプロトコルなどを使用した攻撃者のサーバとの通信手法)

◆ 目的の実行（Action on Objectives）

「目的の実行」は、サイバー攻撃の目的を達成するステップです。すでに述べたように、サイバー攻撃の目的は金銭、情報の窃取、復讐などさまざまです。このステップでは、そのさまざまな目的を達成するために、標的の内部情報の収集と持ち出し、情報システムの破壊などを行います。

目的の実行の例は次の通りです。

- データ外部送信
- データ暗号化
- データ破壊

🔧 マイターアタック（MITRE ATT&CK）

マイターアタック（MITRE ATT&CK）は米国の非営利団体「MITRE社」がWeb上に公開しているサイバー攻撃の分類フレームワークで、ATT&CKは「Adversarial Tactics, Techniques, and Common Knowledge（敵対的な戦術、技術と共通知識）」の略称です。攻撃者の目的や行動を「戦術」と具体的な手法やツールを「技術」に分類しています。

サイバーキルチェーンは、サイバー攻撃の準備からサイバー攻撃を実行して目的を達成するまでのモデルですが、マイターアタックはサイバー攻撃の成功後を重点的に分析して階層化したモデルです。世の中の専門技術者や研究者が発表している攻撃者情報や実際の攻撃情報をもとに年に数回以上、モデルが追加・更新されています。

また、セキュリティインシデント調査時の分析だけでなく、セキュリティ機器がサイバー攻撃を検知したときの分析やペネトレーションテストなどのセキュリティ診断サービスのサイバーの攻撃シナリオでもマイターアタックを活用しています。

●サイバーキルチェーンとマイターアタック

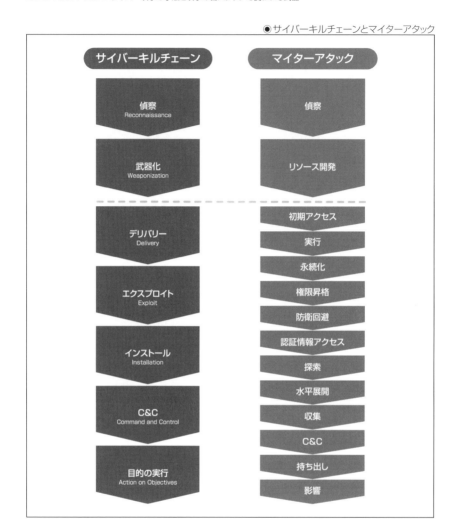

認証（Authentication）と認可（Authorization）

　言葉の語感が似ているため、意味も似ていると思いがちな「認証」と「認可」ですが、意味は大きく異なります。

　たとえば、あなたが旅行でホテルに宿泊したとしましょう。あなたはホテルに到着するとフロントで名前（＝識別）を告げて本人確認（チェックイン＝認証）を行い、部屋に入室するための鍵（＝許可）をもらいます。

　ただし、すべての宿泊客がどの部屋にも入室できる鍵を渡されるような場合は、すべての宿泊客がすべての部屋へ入ることができるので安全に宿泊することができません。そのため、ホテル側は、あなたが宿泊する客室だけを開けることができる鍵を用意して、あなたや他の宿泊客の名前と客室番号とその鍵を予約リストで管理します。

　そして、フロントスタッフがチェックイン時にあなたの名前（＝識別）で本人確認（＝認証）できたときに、予約リストを使ってあなたの名前から該当する客室番号を特定して、正しい客室番号の鍵（＝許可）を渡します（＝認可）。このようにしてあなたは、はじめて安全にホテルの客室を利用できるのです。

●認証と認可

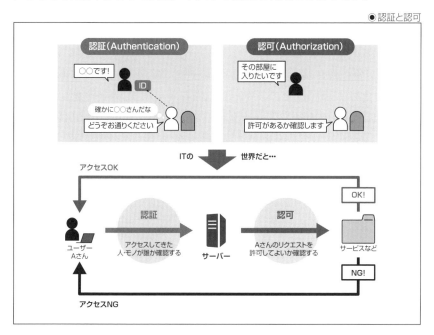

01

情報セキュリティの基礎知識

37

　情報セキュリティに置き換えてみましょう。「認証」は、ユーザーが主張しているIDが、そのユーザーの正当なIDかどうか確認することです。つまり、ログインを試みている人が、確かに本人であることを確認することであり、これを「認証」と呼びます。ユーザーを認証したあとに、そのユーザーへ特定の情報システムやデータへのアクセスの許可を与えることを「認可」と呼びます。「認証」と「許可」は片方だけではセキュリティを担保できず、両方を組み合わせて「認可」することで情報資産の利用を管理できます。

🔷 認証方式

　認証に使われる方式は、主に3つあります。

● 主な認証方式

認証の方式	例
知識認証	IDとパスワードの入力といったその人しか知らない知識情報を使って認証を行う
所有物認証	ICカードやスマートフォンを用いてログインを行ったり、会議室に入室を行ったりする
生体認証	顔や指紋でスマートフォンのロックを解除する

　IDとパスワードでログインできる情報システムにおいてIDとパスワードが漏えいした場合、悪意のある第三者が正規のユーザーへなりすまして情報システムにログインし、情報を窃取したり、悪意のあるプログラムを情報システム内に設置したりするおそれがあります。

　これを防ぐために、重要な操作の前にもう一度認証を行う方式を2段階認証と呼びます。

　「知識情報」「所有(所持)情報」「生体情報」の3要素のうち、異なる2つの要素を組み合わせて認証する方式を2要素認証、異なる2つ以上の要素を組み合わせて認証する方式を多要素認証(MFA：Multi-Factor Authentication)と呼びます。多要素認証は、IDとパスワードだけの認証に比べてより安全な認証方式です。

● 認証の3要素

知識認証 Something You Know	所有物認証 Something You Have	生体認証 Something You Are
その人しか知らない情報で 認証する	その人の持ち物で確認する	その人の身体的特徴で 確認する
● パスワード	● ICカード	● 指紋認証
● パスコード・PINコード	● スマートフォン	● 顔認証
● 秘密の質問	● セキュリティキー	● 網膜認証
● 生年月日　　　　など	● 電子証明書　　　　など	● 静脈認証　　　　など

2つの認証を組み合わせ、段階を経て認証を行うこと　▶　**2段階認証**

異なる2つの要素を組み合わせて認証を行うこと　▶　**2要素認証(多要素認証)**

2要素認証の例
ID/パスワードでの認証(知識認証)後、スマードフォンに送信されたパスコード(所有物認証)で認証し、システムにログインする

🔹 アクセス制御の基本

　次に、アクセス制御の基本的な考え方を説明します。たとえば、総務部のAさんには総務部のフォルダ、営業部のBさんには営業部のフォルダへのアクセス許可を与えることを記載した、アクセス制御リスト(Access Control List)を作成します。このリストは頭文字をとってACLと略します。このACLに基づいて、AさんとBさんへ許可を与えたそれぞれのフォルダのみへアクセスできるように制御します。

　ACLを作成するときの大切な考え方が、「ユーザーに必要な最小システムリソースと許可を与えること」です。これを「最小権限の原則(最小特権の原則、Principle of Least Privilege)」と呼びます。アクセスの許可を最小の範囲に制限した権限を与えておくことで、万が一、従業員が不正行為をしたり、悪意のある第三者がアカウントを乗っ取ったりしても、最小限の情報にしかアクセスできないため、被害を抑えることができます。

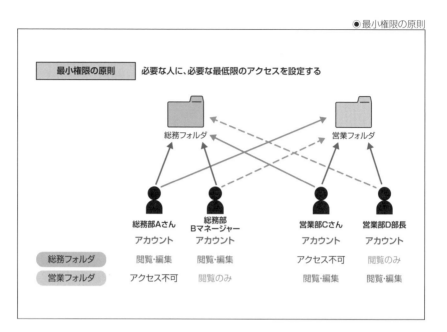

◉最小権限の原則

アカウントの安全な管理

アカウントは、情報資産へのアクセスの可否を決める重要なもので、適切に管理しなければなりません。情報セキュリティを維持するには、アカウントの適切な管理が重要です。権限を適切に設定して運用すれば、権限のない人が情報資産にアクセスすることを防ぎ、個人情報や機密情報の不正利用を防止できます。

下記にアカウントを安全に管理するための基本的な項目を説明します。

- アカウントの設計
  - 最小権限の原則に基づいて役割ごとの権限を設計する
  - 基本的に共有アカウントを禁止して、1人へ1アカウントを割り当てる
  - 安全なパスワードの基準を設計する
- 設計に基づいたアカウントの設定
  - 必要な関係者へ役割に基づいたアカウントを発行する
  - 不必要な人にはアカウントを発行しない
  - アカウントの一覧を作成して管理する

- アカウントの運用状況の評価・分析
  - アカウントの一覧を定期的に見直しする
  - アカウントの利用状況をモニタリングして異常を発見する
- アカウントの設計および運用を改善する
  - 不要アカウントを削除する
  - モニタリングで異常が発見された場合、パスワードを変更する
  - 必要に応じ、アカウントの設計および設定を変更する

01

情報セキュリティの基礎知識

02

03

04

05

06

07

08

41

暗号

　戦国武将が味方に送った密書が、敵方に渡ってしまい大ピンチに陥るという物語をドラマの中でよく目にします。密書が誰でも読める状態で送られていることが問題です。密書を暗号文で送っていれば事態は少しマシだったかもしれません。

　ユリウス・カエサル（シーザー）は、この問題を改善するためにシーザー暗号という原始的な暗号を使いました。シーザー暗号は、今では簡単に解読できてしまうので使われていませんが、シーザーの時代には効果があったに違いありません。

🔷 暗号を使うとき

　このように万が一情報が盗まれたとしても、盗んだ相手には理解できない情報にしたい場合に使う技術が暗号です。暗号は、秘密の情報を伝達する以外にも用途があります。現代で暗号を使っている例を下記に挙げます。

- パスワードを安全に保存するとき
- インターネットで認証情報、個人情報、クレジットカード情報、企業秘密などの機密情報を送受信するとき
- データベースやストレージ、可搬記録媒体、その他に機密情報を保存するとき
- 機密情報をEメールに添付して送付するとき
- 改ざんされてはいけない情報を受け渡すとき、または改ざんされていないことを示すとき
- 相手に自分が正しい相手だと証明したいとき

🛡 暗号の基本

暗号の専門家を目指さない限りは、暗号の仕組みを深く知る必要はありません。ここではセキュリティエンジニアを目指す以上、最低限知っておくべき暗号の基本を説明します。

データを暗号化するときは、暗号鍵と暗号化するためのアルゴリズムを使います。まず暗号化する前のもとのデータを平文と呼びます。その平文を暗号化したデータを暗号文と呼びます。一方で暗号文を平文に戻すことは復号と呼びます。

● 暗号化と復号

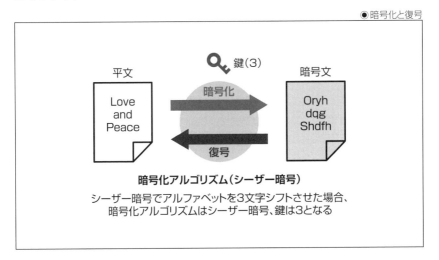

暗号化アルゴリズム（シーザー暗号）

シーザー暗号でアルファベットを3文字シフトさせた場合、
暗号化アルゴリズムはシーザー暗号、鍵は3となる

暗号文を暗号鍵なしで平文に戻すことを暗号解読といいます。解読の仕組みも極めて専門的な分野なのでここでは省きますが、暗号アルゴリズムが安全でない状態になったことを危殆化といいます。

危殆化していない安全な暗号アルゴリズムは、CRYPTRECのサイトを参照してください。CRYPTRECとは、デジタル庁・総務省・経済産業省が発行している「電子政府における調達のために参照すべき暗号リスト」、通称「CRYPTREC暗号リスト」(Cryptography Research and Evaluation Committees暗号リスト)です。この中には推奨する暗号リスト、推奨候補の暗号リスト、運用監視暗号リストなどを記載しています。

運用監視暗号リストは、解読のリスクが高まっているが互換性維持のために容認する暗号のリストなので、もし使用する場合は、できるだけ早く推奨する暗号リストへ変更してください。

🧊 共通鍵暗号と公開鍵暗号

平文を暗号化するときに使う暗号鍵と、暗号文を復号するときに使う暗号アルゴリズムを共通鍵暗号（対称鍵暗号）と呼び、暗号化と復号に使う鍵が違う暗号アルゴリズムを公開鍵暗号（非対称鍵暗号）と呼びます。

◆ 共通鍵暗号

共通鍵暗号には、暗号化と復号の計算時間が短いというメリットがある反面、暗号鍵の安全な受け渡しが大変というデメリットがあります。また、機密情報を共有する相手ごとに暗号鍵を変えなければならないというデメリットもあります。共通鍵暗号の代表的な暗号アルゴリズムには、RC4、DES、3DES、AESなどがあります。AES以外は危殆化しているため、使用しないでください。

◆ 公開鍵暗号

公開鍵暗号は別名で非対称鍵暗号と呼ばれます。公開鍵と秘密鍵の2つの鍵を使用する方式です。公開鍵で暗号化した暗号文は秘密鍵でしか復号できません。公開鍵をインターネット上に公開したとしても、秘密鍵が漏えいしない限り、暗号文を復号できない安全な暗号アルゴリズムです。公開鍵暗号は、共通鍵暗号と異なり、通信相手の数に関係なく一対の暗号鍵を持てばいいというメリットもあります。公開鍵暗号は、暗号化や復号の計算に時間がかかるデメリットがあります。公開鍵暗号の代表的な暗号アルゴリズムにはRSAなどがあります。

◆ ハイブリッド暗号

共通鍵暗号と公開鍵暗号両者の長所を併せ持ったハイブリッド暗号というものも存在します。データを送る際、ハイブリッド暗号は共通鍵を送信先の公開鍵で暗号化して送り、相手は自身の秘密鍵で共通鍵を復号するという方式です。共通鍵の復号は、時間がかかります。しかし、通信データは共通鍵で暗号化／復号するので、計算時間は短くて済みます。

ハイブリッド暗号を使った代表的な実装例は、HTTPS通信です。具体的な通信プロトコルは、TLS1.2やTLS1.3などです。

🎁 不可逆暗号

変換後に元に戻せない性質を持つ不可逆暗号を、一般的にハッシュ化と呼びます。平文をハッシュ化した暗号文をハッシュ値、ハッシュ化の暗号アルゴリズムをハッシュ関数と呼びます。

不可逆暗号の特徴は次の通りです。

- 同じ平文をハッシュ化すると必ず同じハッシュ値になる
- 別の平文をハッシュ化すると必ず別のハッシュ値になる
- ハッシュ値は平文の長さに関係なく、同じ長さになる

情報システムでは、不可逆暗号を認証または完全性を確認するために利用します。事例は次の通りです。

- 情報システムは、ユーザーの認証に使うパスワードをハッシュ化して保存する。ユーザーを認証する処理では、ユーザーが入力したパスワードをハッシュ化して、あらかじめ保存してあるパスワードのハッシュ値と比較して、同じならば認証成功とする。
- 事前に文書やデータのハッシュ値を生成して公開しておく。文書やデータを受信した人がハッシュ値を生成して、事前に生成して公開してあるハッシュ値と一致すれば、改ざんされていないことを証明できる。
- PCから発見した怪しいファイルのハッシュ値を計算する。マルウェアのデータベースでハッシュ値を検索して、該当するマルウェアの有無を調べる。

ハッシュ関数は、MD5やSHA-1、SHA-2（SHA-256/SHA-384/SHA-512）、SHA-3などがあります。MD5やSHA-1は、異なったデータに対して同一のハッシュ値を生成できる、つまりハッシュ関数の脆弱性が見つかりました。SHA-2とSHA-3以外は危殆化しているため、使用しないでください。

また、「同じ平文をハッシュ化すると必ず同じハッシュ値になる」という特徴を悪用して、さまざまな平文とハッシュ値のセットを集めたレインボーテーブルと呼ばれるリストを作成して、ハッシュ値からパスワードを特定する攻撃手法があります。そこで、パスワードをハッシュ化する前に平文の前や後ろにソルト（salt）と呼ばれるランダムな文字列を加えたり、何回もハッシュ化を行ったり（ストレッチング）するハッシュ化が推奨されています。

❖ TLS(Transport Layer Security)

　HTTPSなどにおいて使用されるTLSは、共通鍵暗号、公開鍵暗号、不可逆暗号を組み合わせて利用するプロトコルです。TLSでは、どの暗号スイート（鍵交換アルゴリズム・鍵認証方式・サイファー・メッセージ認証符号）を使用するかクライアントとサーバー間で決定し、安全な通信を行います。

01

　下記は暗号スイートの例です。

ECDHE_RSA_WITH_AES_128_GCM_SHA256

　上記の例の意味は下記の通りです。

- ●ECDHE(elliptic curve Diffie-Hellman ephemeral)を鍵交換アルゴリズムとして使用する
- ●RSA暗号を鍵認証方式として使用する
- ●AES-128をサイファーとして使用し、暗号利用モードはGalois/Counter Mode(GCM)を使用する
- ●SHA-256をメッセージ認証符号(HMAC : hash-based message authentication code)として使用する

　この例では、共通鍵暗号としてAES、公開鍵暗号としてRSA、不可逆暗号としてSHA-256が使用されます。

　なお、暗号スイートには危殆化し、利用すべきではないものがあります。TLSによる通信では、送信元と送信先の双方で利用可能な最も強度の高い暗号スイートが利用されます。通信相手に強い強度の暗号の利用を強制して、通信の安全をより確実にしたい場合は、使用する暗号スイートの一覧に危殆化した暗号スイートを含まないようにソフトウェアを設定します。

　詳細は国立研究開発法人情報通信研究機構（略称NICT）と独立行政法人情報処理推進機構（略称IPA）が共同で運営する「暗号技術活用委員会」が公開している「TLS暗号設定ガイドライン」を参考にしてください（巻末の参考文献を参照）。

また、TLS 1.3においては、プロトコルの変更から暗号スイートは、下記のように表記されます。

```
TLS_AES_128_GCM_SHA256
```

詳細はRFC 8446を参照してください(URLについては巻末の参考文献に記載)。

🎲 鍵管理

どんなに強度の高い暗号を使っていたとしても、共通鍵暗号の共通鍵や公開鍵暗号の秘密鍵が漏えいしてしまうと攻撃者が暗号文を復号できてしまいます。したがって、暗号鍵は生成、配送、保管、利用、更新、失効、廃棄といった一連のライフサイクルを適切に管理しなければなりません。鍵管理の詳細は、NIST SP 800-57 Part 1などを参照してください。また、暗号鍵を管理するための情報システム(以下、鍵管理システム)の設計方法は、NIST SP800-130、あるいは暗号鍵管理システム設計指針、暗号鍵管理ガイダンスを参照してください(巻末の参考文献を参照)。

システム開発における鍵管理の具体的な実装例を記載します。情報システムを開発するときに、そのソースコード中に暗号鍵を直接書いてしまうと暗号鍵が多くの人の目に触れてしまいます。過去には某国の金融機関がクラウドストレージにアクセスするための暗号鍵を、クラウド型の開発環境のソースコードに直接書き込み、しかもその開発環境へのアクセス権を適切に制限していなかったために、攻撃者が暗号鍵を取得できて、大量の個人情報が漏えいした事件がありました。

そのようなセキュリティインシデントが起きないように、鍵管理システムを利用します。

まず、鍵管理システムでは鍵管理者以外の人が鍵を登録・変更・削除をできないようにアクセス権を設定します。登録、保管している暗号鍵にはURIなどを使ってプログラムからアクセスすることを可能にします。開発環境と本番環境から同じURIにアクセスしてもそれぞれの環境用の暗号鍵を渡すことで、本番環境にアクセスさせたくない開発者に本番環境の暗号鍵を秘匿した状態で、開発を可能にします。

01
情報セキュリティの基礎知識
02
03
04
05
06
07
08

　また、暗号鍵を変更する際は、鍵管理システム上の暗号鍵を変えるだけでプログラムを修正することなく暗号鍵の変更を可能にします。

　鍵管理システムの鍵管理者は、1人だとその人に何かあったときに困り、多いと鍵が漏えいするリスクが高まるため、2〜3人にします。鍵管理者が鍵管理システムにアクセスする際は、申請書でその目的などをシステム管理者に伝えて許可を取るようにします。システム管理者は鍵管理者の利用の履歴と申請書を照合し、鍵管理システムに対して不正な操作がないことを確認することで鍵管理者をけん制します。このように暗号鍵を管理することで、安全に暗号を利用できるようにします。

SECTION-12
ネットワークセキュリティと エンドポイントセキュリティ

何もアクセスを制限しなければ、ネットワークを経由したサイバー攻撃が可能な状態で、攻撃者がネットワークの色々なところに攻撃を仕掛けられる状態になります。これを防ぐために、ネットワークやコンピュータ上をはじめとした複数の箇所でセキュリティ対策しなければなりません。下記に対策例を紹介します。

◈ ネットワークセキュリティ

下記は、ネットワークセキュリティの基本方針です。
- 必要な通信だけ許可する、不要な通信を許可しない
- 通信を監視して、サイバー攻撃を検知、遮断する

◆ 必要な通信だけ許可する、不要な通信を許可しない

あるネットワークと異なるネットワークをつなぐ出入り口を極力少なくし、その出入り口で通信の送信元や送信先、通信内容をチェックして、通信を許可または遮断します。中世の都市のように街を城壁で囲んでその門で外来者の身分証明書を確認し、外来者の氏名と訪問先と訪問の目的をチェックして、事前に申請した許可リストと内容が一致すると判断した場合に通行を許可する方法に似た考え方です。

あるネットワークと異なるネットワークの境界には、ファイアウォールと呼ばれるネットワーク機器を設置します。ファイアウォールは送信元IPアドレスとポート番号、送信先IPアドレスとポート番号、TCP／UDPなどの利用するプロトコルを見て、通信の許可／遮断を判断しています。

このファイアウォールは、通信先のIPアドレスを固定できない場合はすべての通信先のIPアドレスへの通信を許可しなければならなかったり、ポート番号443のTCP通信を許可するとHTTPS以外のTCP通信もポート番号443を使用して通信できたりするなどの問題がありました。

その問題を解消するために登場したのが次世代ファイアウォール（NGFW：Next Generation Firewall）です。

01

情報セキュリティの基礎知識

02
03
04
05
06
07
08

49

　NGFWは、TCP/IP階層モデルのトランスポート層より上のアプリケーション層を認識できます。HTTPSを利用したWebサービスへのTCP通信は許可しても、ポート番号443を利用したマルウェアの独自プロトコルのTCP通信は拒否するなど、より精緻な通信制御が可能です。

◆ 通信を監視して、サイバー攻撃を検知、遮断する

　ネットワークの境界には、ファイアウォールの他に侵入検知装置（IDS：Intrusion Detection System）や侵入防御装置（IPS：Intrusion Prevention System）などを設置します。IDSはネットワークトラフィックを監視し、異常な通信やサイバー攻撃を検出する装置です。IPSはIDSの機能に加えて、サイバー攻撃を自動的に遮断する機能があります。IPSは、OSやソフトウェアなどの脆弱性を狙ったサイバー攻撃から情報資産を防御するために使います。

　IDSやIPSは、通信の特徴を使ってサイバー攻撃を検知するルールを備えています。また、IPSはサイバー攻撃を遮断するルールを備えています。IDSやIPSの製造元のセキュリティ企業は、新しいサイバー攻撃に合わせてサイバー攻撃の特徴的な攻撃パターンを検知できる新しいルールを迅速に提供します。

　しかし、サイバー攻撃を検知できなかったり、正常な通信をサイバー攻撃と誤検知したりする場合があります。IDSやIPSを設置する場合は、適宜チューニングをする必要があります。

● ネットワークの境界

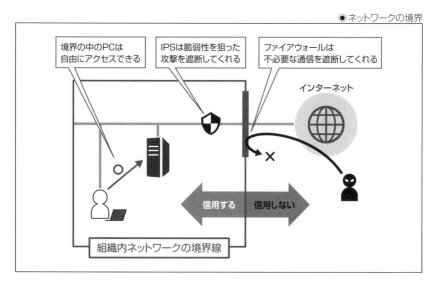

🔹 境界防御

ネットワークセキュリティの戦略の1つが、境界防御です。

信頼できる自組織内部のネットワークと、たとえば、インターネットなどの信頼できない外部ネットワークとの間に明確な境界を設け、その境界でセキュリティ対策する方法を境界防御と呼びます。

境界防御では、ネットワーク境界の内側のネットワーク上のPCやサーバーがウイルス感染や攻撃者の侵害を受けないように、ネットワーク境界でファイアウォールを使って通信を制御して、悪性なWebサイトへのアクセスを遮断したり、インターネットとの通信を監視したり、さまざまなセキュリティ対策を行って守りを固めます。

🔹 エンドポイントセキュリティ

PC、モバイルデバイスなどのエンドポイントは、組織にとって重要な情報資産です。その一方で、利用者にエンドポイントのセキュリティ対策の管理を任せている場合は脆弱性が残っている場合が多く、攻撃者がサイバー攻撃の標的にした場合にインシデント発生の起点になります。エンドポイントが脆弱な要因の1つは、ユーザーの行動をコントロールできない点にあります。たとえば、ユーザーが悪意のあるURLリンクをクリックする、悪意のあるEメールの添付ファイルを開くといったユーザーの無用心な行動によってエンドポイントはサイバー攻撃を受けてしまいます。

そのため、エンドポイントには、ファイアウォールやマルウェア対策ソフトウェア、EDR（Endpoint Detection and Response）製品の導入など、さまざまなセキュリティ対策が必要です。

❖ 多層防御

1つ目のセキュリティ対策でサイバー攻撃を防げなくても、2つ目以降のセキュリティ対策でサイバー攻撃を防いで情報資産を守る手法が、多層防御と呼ばれるものです。

たとえば、組織の機密情報の窃取を狙う標的型攻撃に対しては、入口対策、出口対策、内部対策の3箇所で多層防御するセキュリティ対策モデルが効果的です。具体的には、入口対策のマルウェア対策ソフトウェアの検知をすり抜けてPCがマルウェアに感染した場合でも、出口対策のIPSでマルウェアが攻撃者の指令サーバー（C&Cサーバー）と通信を行っていることを検知して遮断したり、内部対策のEDRでサーバーへの侵入を検知したりして、攻撃者の侵入を食い止めたり、機密情報の窃取を阻止することができます。

入口対策、出口対策、内部対策のよくある実装例は下記の通りです。

● 入口対策、出口対策、内部対策の例

対策	例
入口対策	・ファイアウォール（サイバー攻撃の通信の遮断） ・IDS/IPS（外部ネットワークから内部ネットワークへの通信の監視） ・スパムフィルター（標的型攻撃メールや不審なメールの遮断） ・Webフィルター（攻撃サイトへのアクセス禁止、マルウェアのダウンロード防止） ・マルウェア対策ソフト（マルウェア感染防止）
出口対策	・インターネットプロキシ（インターネットアクセス時のプロキシ認証） ・IDS/IPS（内部ネットワークから外部ネットワークへの通信の監視）
内部対策	・EDR（ドメインコントローラーなどへの侵入を検知） ・ログ監視（ネットワークに侵入した攻撃者の侵入拡大活動を監視）

❖ ゼロトラストアーキテクチャ／ゼロトラストネットワークアクセス

境界防御をすり抜けるマルウェアによる内部からのサイバー攻撃、メールシステムや情報共有基盤などの情報システムがクラウド上に移ったこと、働き方改革や新型コロナウイルス感染症の影響でリモートワーク化して、守るべき情報資産が内部ネットワーク上にあるとは限らなくなったことなどの要因から、従来の境界防御では組織の情報資産を守り切れなくなりました。

そこで注目されるようになったセキュリティ対策が、ゼロトラストアーキテクチャという考え方です。

ゼロトラストアーキテクチャは、次の基本的な7つの考え方に基づいています。

- ●すべてのデータソースとコンピューティングサービスはリソースとみなす
- ●ネットワークの場所に関係なく、すべての通信を保護する
- ●企業リソースへのアクセスは、セッション単位で付与する
- ●リソースへのアクセスは、クライアントIDやアプリケーション/サービス、要求する資産の状態、その他の行動属性や環境属性を含めた動的ポリシーにより決定する
- ●企業は、すべての資産の整合性とセキュリティ動作を監視し、測定する
- ●すべてのアクセスを許可する前に、すべてのリソースの認証と認可は動的かつ厳格に実施する
- ●企業は、資産やネットワークインフラストラクチャ、および通信の現状に関する情報をできるだけ多く収集して、それをセキュリティ対策の改善に利用する

境界防御では境界内のユーザーやPCなどのデバイスを信頼していましたが、ゼロトラストではアクセス元とアクセス先が境界の内側、外側にかかわらず、すべてのユーザー、デバイスを識別、認可して、それらのすべての通信の安全性を評価します。

簡単な例として、デバイスがリソースにアクセスする際は、アクセスの都度にアクセス元とアクセス先を認証して、どちらもセキュアな状態になっていることが確認できれば、アクセスを許可します。

●ゼロトラストアーキテクチャの概念図

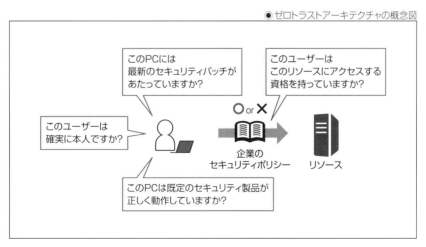

◆ ゼロトラストアーキテクチャを実現するセキュリティ製品

　ゼロトラストアーキテクチャは概念であり、具体的なセキュリティ対策の方法やセキュリティ製品までは決まっていません。実際の組織の情報システムでゼロトラストアーキテクチャを使ったセキュリティ対策を実現するためには、さまざまなセキュリティ製品やセキュリティサービスを組み合わせて実現します。

　下表にゼロトラストアーキテクチャを実現する製品カテゴリと製品種別名を示します。よくある誤解ですが、ゼロトラストアーキテクチャを実現する1つのセキュリティ製品があるわけではありません。

● ゼロトラストアーキテクチャを実現する製品カテゴリと製品種別

製品カテゴリ	製品種別
ID統制	IDaaS (ID as a Service)
デバイス統制・保護	MDM (Mobile Device Management)
	EMM (Enterprise Mobility Management)
	EPP (Endpoint Protect Platform)
	EDR (Endpoint Detection and Response)
ネットワークセキュリティ	SASE (Secure Access Service Edge)
	IAP (Identity-Aware Proxy)
	SWG (Secure Web Gateway)
	CASB (Cloud Access Security Broker)
	SDP (Software Defined Perimeter)
	CSPM (Cloud Security Posture Management)
データ漏えい防止	DLP (Data Loss Prevention)
	IRM (Information Right Management)
ログの収集・分析	SIEM (Security Information and Event Management)
	SOAR (Security Orchestration, Automation and Response)
	UEBA (User and Entity Behavior Analytics)

◆ IAPとは

　ゼロトラストアーキテクチャで使用するセキュリティ製品の1つに、アイデンティティ認識型プロキシ(IAP：Identity-Aware Proxy)があります。このセキュリティ製品は、ユーザーとアプリケーションの接続を仲介するプロキシの1つです。ユーザーがアプリケーションへアクセスするたびに、認証・認可の基盤(IAM：Identity and Access Management)で認証と認可を行い、許可されたユーザーはそのアプリケーションへ接続して利用できます。

　IAPは、VPNの代わりにユーザーと社内ネットワーク環境上のアプリケーションの間で、暗号化した安全な通信を提供します。

　VPNは、リモートネットワーク上のPCと社内ネットワークを接続して、社内ネットワーク上のすべてのIPアドレスと通信できますが、IAPはあらかじめ設定した社内ネットワーク環境上のアプリケーションだけと通信できます。

◆ EDRとは

　EDR（Endpoint Detection and Response）もゼロトラストアーキテクチャで使用するセキュリティ製品の1つです。PCやサーバーなどのエンドポイントのセキュリティを強化します。EDRは、リアルタイムでマシン上のプロセスなどの動作をモニタリングしてその挙動を分析します。標準的な動作から逸脱した動作のパターンを不審なアクティビティとして検知します。EDRは、従来のマルウェア対策ソフトウェアと比較して、マルウェアを検知して感染を未然防止するだけでなく、マルウェア感染後や不正侵入後の対処も行います。感染したエンドポイントをネットワークから隔離したり、悪意のあるプロセスを停止したりします。この機能により、未知のサイバー攻撃やマルウェア感染にも対処可能です。EDRの説明は、CHAPTER 06「セキュリティオペレーション」も参照してください。

　ゼロトラストで使用するさまざまなセキュリティ製品やセキュリティサービスの詳細を知りたい場合は、ゼロトラスト関連の書籍などを参照してください。

01

情報セキュリティの基礎知識

SECTION-13
セキュリティ対策のフレームワークやガイドラインの活用

　ここまで、情報セキュリティを守るにはさまざまなセキュリティ対策を行う必要があることをお伝えしました。しかし、やみくもに対策を行っても、網羅的にセキュリティ対策ができていなかったり、セキュリティ対策の強度が不十分だったりします。

　そういったことを防ぐために、セキュリティ対策のフレームワークやガイドラインを活用しましょう。

🔵 代表的なセキュリティ対策のフレームワークやガイドライン

　セキュリティ対策のフレームワークやガイドラインはさまざまな業界・団体が作成しており、目的に合わせて活用できます。また、いくつかのフレームワークは認証団体が存在しており、フレームワークの定めるセキュリティ対策・運用ができていることを示す認証制度があります。この認証を取得すると、セキュリティ対策がしっかり行われている組織であると顧客や取引先にアピールすることができます。

　委託元の組織は、委託先の情報セキュリティ対策状況を重要視するようになってきており、セキュリティ対策のフレームワークの認証を取得していることが、入札の要件になっている場合もあります。また、PCI DSSは、クレジットカード情報を取り扱う情報システムにおいて準拠が必要です。

　下記に代表的なセキュリティ対策のフレームワークやガイドラインを紹介します。

◆ ISMS

　ISMS（Information Security Management System）は、情報セキュリティマネジメントシステムの略称で、国際標準化機構と国際電気標準会議が策定した基準ISO/IEC 27000シリーズをもとに一般財団法人日本規格協会がJIS化したJIS Q 27000シリーズに沿ってセキュリティ対策を行うためのフレームワークです。

　また、ISMS適合性評価制度は、一般財団法人日本情報経済社会推進協会（JIPDEC）が運用しているセキュリティ評価制度です。

◆ PMS

PMS(Personal Information Protection Management Systems)は、個人情報保護マネジメントシステムの略称でJIS Q 15001の基準に沿って個人情報の保護を行うためのフレームワークです。

また、関連するプライバシーマーク制度は、一般財団法人日本情報経済社会推進協会(JIPDEC)が運用している、セキュリティ評価制度です。

◆ FISC安全対策基準

FISC(The Center for Financial Industry Information Systems)安全対策基準は、金融情報システムセンターが策定した、金融情報システムの開発や導入、運用などにおいて必要と考えられる安全対策基準を記載したガイドラインです。正式名称は「金融機関等コンピュータシステムの安全対策基準・解説書」です。

◆ PCI DSS

PCI DSS(Payment Card Industry Data Security Standard)は加盟店やサービスプロバイダにおいて、クレジットカード会員データを安全に取り扱うことを目的として策定された、クレジットカード業界のセキュリティ基準です。

PCI DSSは、国際カードブランド5社(American Express、Discover、JCB、MasterCard、VISA)が共同で設立したPCI SSC(Payment Card Industry Security Standards Council)によって運用、管理されています。

◆ 政府機関等のサイバーセキュリティ対策のための統一基準群

統一基準群は、国の行政機関および独立行政法人などの情報セキュリティ水準を向上させるための統一的な枠組みであり、国の行政機関および独立行政法人などの情報セキュリティのベースラインや、より高い水準の情報セキュリティを確保するための対策事項を規定しています。「政府機関等のサイバーセキュリティ対策のための統一基準」は、統一規範と対策基準策定ガイドラインの中間に位置する文書であり、情報セキュリティ対策の項目ごとに遵守事項を定めています。

◆SOC

SOC(System and Organization Controls)とは、アメリカ公認会計士協会(AICPA)とカナダ公認会計士協会(CICA)が制定するフレームワークです。SOC 1、SOC 2、SOC 3があり、サービス提供事業者の内部統制を評価しています。

◆ISMAP

政府情報システムのためのセキュリティ評価制度(Information system Security Management and Assessment Program : 通称、ISMAP(イスマップ))は、政府が求めるセキュリティ要求を満たしているクラウドサービスをあらかじめ評価・登録することにより、政府のクラウドサービス調達におけるセキュリティ水準の確保を図り、クラウドサービスの円滑な導入に資することを目的とした制度です。

サイバーセキュリティ関連の法律

情報セキュリティに関係する法律は、さまざまな種類があります。セキュリティエンジニアは、自身の業務に関連する法律に注意して行動する必要があります。個人情報を取り扱うサービスを企画するとき、インシデント対応を行うときなどは、これらの法律が関係する場合があります。法律を知らずに業務を実施すると、法律違反につながるおそれがあります。関係する組織内のガイドラインも確認しましょう。

●関係法令に対応

💎 情報セキュリティに関係する法律の例（国内）

情報セキュリティに関する主な法律とその事例を下記に示します。

◆ 電気通信事業法

電気通信事業法は、電気通信事業者が事業を営む上で守るべき規定について定めた法律です。

たとえば、電気通信事業に従事する従業員が、利用者の電話やメールの内容を第三者に漏らしたりすると、この法律に違反する可能性があります。

◆ 不正アクセス行為の禁止等に関する法律

不正アクセス行為の禁止等に関する法律は、不正アクセス行為や、不正アクセス行為につながる識別符号の不正取得・保管行為、不正アクセス行為を助長する行為等を禁止する法律です。

ネットワークを介してアクセス制御されたシステムに正当な権限を持たずにアクセスしたり、脆弱性を突く攻撃を行ったりすると、この法律に違反する可能性があります。

◆ 刑法

　刑法は、犯罪と刑罰に関する法律です。コンピュータ・ウイルスの作成、提供、供用、取得、保管行為を行うと、この法律に違反する可能性があります。

◆ 特定電子メールの送信の適正化等に関する法律（迷惑メール防止法）

　特定電子メールの送信の適正化等に関する法律（迷惑メール防止法）は、利用者の同意を得ずに広告、宣伝または勧誘などを目的とした電子メールを送信する際の規定を定めた法律です。事前に電子メールの送信に同意していない不特定多数の相手に対して、広告、宣伝または勧誘などを行うとこの法律に違反する可能性があります。

◆ 個人情報の保護に関する法律（個人情報保護法）

　個人情報の保護に関する法律（個人情報保護法）は、個人の権利と利益を保護するために、個人情報を保有する事業者が遵守すべき義務などを定めた法律です。

　たとえば、従業員が業務で知り得た個人情報を不正な利益を得るために提供または盗用した場合、この法律に抵触する可能性があります。

◆ 行政手続における特定の個人を識別するための番号の利用等に関する法律（マイナンバー法）

　行政手続における特定の個人を識別するための番号の利用等に関する法律（マイナンバー法）は、マイナンバー（個人番号）や特定個人情報が適正に取り扱われるよう、利用範囲や取得・提供などの制限、監視・監督、罰則などについて規定した法律です。たとえば、不正な利益を図る目的でマイナンバーを提供または盗用した場合、この法律に抵触する可能性があります。

◆ 不正競争防止法

　不正競争防止法は、営業秘密の侵害などの「不正競争」を規制することや限定提供データの不正取得・使用などの防止を目的とする法律です。

　たとえば、退職前に不正な手段によって顧客情報などの営業秘密を取得した元従業員が、転職先で自ら使用したり、第三者に開示したりする行為がこの法律に抵触します。

◆ 著作権法

著作権法は、著作物に関する著作者等の権利を保護するための法律です。

たとえば、ソースコードなどを著作権者の許諾を得ないでインターネット上に掲載し、誰でもダウンロードできる状態にした場合、この法律に抵触する可能性があります。

これらの法律以外にも、情報セキュリティの業務を行っていると、差し押さえ、損害賠償請求などに関与する場合があります。業務に関連する法令を勉強して、法を遵守して業務を遂行してください。

📦 情報セキュリティに関係する法律の例（海外）

また、国境を越えて情報システムを利用する場合があります。たとえば海外の会社と業務する場合は、その国の情報セキュリティに関係する法律に注意する必要があります。

海外と業務する場合に関係する情報セキュリティ関連の法律の例を下記に示します。

◆ 一般データ保護規則（GDPR：General Data Protection Regulation）

一般データ保護規則（GDPR：General Data Protection Regulation）は、EU域内の個人データ保護を規定した法律です。EU域内の個人データを扱う場合はEU以外の企業も対象になります。

たとえば、GDPRが求める情報漏えい防止のための適切な対策が不十分であったと判断された場合、この法律に抵触し多額の制裁金を課される可能性があります。

◆ 外国為替及び外国貿易法

外国為替及び外国貿易法は、外国との資金や財（モノ）・サービスの移動などの対外取引に適用される法律です。

たとえば、経済産業大臣の承認なしに暗号装置などの輸出入を行った場合、この法律に抵触する可能性があります。

セキュリティインシデント対応

サイバー攻撃に備えてセキュリティ対策を十分に実施していたとしても、サイバー攻撃による被害が発生する確率をゼロにすることはできません。高度なセキュリティ対策を実施している大企業や国家機関であっても被害が発生しているのが実状です。そのため、「サイバー攻撃による被害は発生する」前提での事業回復準備が必要不可欠です。

セキュリティインシデントは、セキュリティの事故・出来事のことです。情報の漏えいや改ざん、消失・破壊、情報システムの機能停止またはこれらにつながる可能性のある事象などがセキュリティインシデントに該当します。Webサイトの改ざん、ランサムウェア被害、フィッシング詐欺や情報の不正持ち出しなど、すべてセキュリティインシデントです。

セキュリティインシデントは対応が遅れると、被害が拡大します。たとえば、ECサイトがサイバー攻撃により停止すると、そのサイトを利用しようとしていた人々は買い物ができず、売り上げがありません。セキュリティインシデント対応が遅れると、利益だけでなく、信用も失うおそれがあります。

このようなセキュリティインシデントに備え、情報システムごとに対応をあらかじめ計画しておくとセキュリティインシデント発生時に迅速に対応することができるようになり、被害を最小にした速やかな復旧につながります。セキュリティインシデント発生時の対処や復旧といった一連の対応をインシデントハンドリングと呼びます。火災発生時の消火活動と同じ考え方です。

CHAPTER
02
セキュリティエンジニアの
仕事

▶▶▶ 本章の概要

前章ではセキュリティエンジニアが知っておくべき用語を解説しました。

本章では、セキュリティエンジニアの具体的な仕事内容について解説します。

セキュリティエンジニアの仕事

セキュリティエンジニアの仕事は、大きく分けてセキュリティインシデント発生の未然防止とセキュリティインシデント発生時の対応の2種類があります。

◆ セキュリティインシデントの未然防止の仕事

セキュリティインシデントが発生しないようにする仕事です。具体的には、下記のような項目を実践する仕事です。

- 情報セキュリティマネジメント
  - 情報セキュリティマネジメントの体制の構築
  - 情報セキュリティに関する規程類の管理
  - セキュリティリスク分析とセキュリティ対策
  - セキュリティ教育
  - セキュリティ監査と評価
  - セキュリティインシデントマネジメント
- セキュア開発
- 脆弱性対応
- 組織の全体統括
  - セキュリティインシデントに対応する組織の全体統括

詳細は、CHAPTER 03「セキュリティマネジメント」、CHAPTER 04「セキュア開発」、CHAPTER 05「脆弱性対応」で解説していきます。

◆ セキュリティインシデント発生時の対応の仕事

未然防止してもセキュリティインシデントは発生します。なぜならば悪意のある人が存在し、その攻撃者たちが、次々とセキュリティ対策を迂回する新しい手口を考え攻撃するからです。

そのため、セキュリティインシデントが発生した場合に速やかに対応し、被害を最小にした速やかな復旧を行い、再発しないようにする仕事があります。

具体的には、次のような項目を実践する仕事です。

- セキュリティオペレーション
  - セキュリティイベントの監視
- インシデント全体統括
  - セキュリティインシデント対応の統制
- インシデント対応
  - インシデント管理
  - インシデント処理（セキュリティインシデントの分析調査、封じ込め、再発防止対策、復旧）

詳細は、CHAPTER 06「セキュリティオペレーション」、CHAPTER 07「全体統括（CSIRTコマンダー）」、CHAPTER 08「インシデント管理とインシデント処理」で解説していきます。

● セキュリティエンジニアの仕事

　このようにセキュリティエンジニアと一口にいっても仕事は多岐に渡り、それぞれがセキュリティ専門職で成り立っています。そのため、従事する仕事によって必要なスキルも異なってきます。そして日々新たなサイバー攻撃やセキュリティ対策の手法が開発されるため、セキュリティエンジニアは学び続けなければなりません。まずは、それらの専門知識を身につける前に、セキュリティエンジニアの共通知識を学んでください。

　次節では、セキュリティエンジニアを目指すために、まずはじめに身に付けておくべきセキュリティエンジニアの共通知識を解説します。

セキュリティエンジニアの共通知識

　セキュリティ部門の配属になった人は、これから自社の情報セキュリティに関する業務を行うために必要な共通知識を身に付ける必要があります。共通知識には、次のようなものがあります。

- 情報システム構成
- 組織的セキュリティ対策
- 物理的セキュリティ対策
- 技術的セキュリティ対策
- 情報システムの開発工程
- 脅威インテリジェンス
- セキュリティインシデント発生時の対応
- セキュリティインシデント発生に備えた準備

　セキュリティエンジニアの共通知識では、CHAPTER 01「情報セキュリティの基礎知識」をベースとして、セキュリティエンジニアとして働くために必要な共通知識を解説します。

　これらの項目は、すべてを熟知する必要はありませんが、どのセキュリティエンジニアにも関係する知識です。この共通知識を持つことが、セキュリティエンジニアの出発点になります。下記で詳しく解説します。

　また、セキュリティエンジニアとして、事前に調べておくべき組織の情報セキュリティ対策のポイントを解説します。

🧊 情報システム構成の理解

　サイバー攻撃から情報システムを守るため、情報システムを構成するネットワーク、特にインターネットとの接続点の場所とそのインターネット境界の通信を制御しているネットワーク機器の通信制御ポリシーを把握します。

たとえば、インターネットとの接続点には次のようなものがあります。

- 組織内のPCからWebサイトを閲覧するときに経由する、プロキシやファイアウォール、レイヤー3スイッチ
- 従業員がテレワークでインターネットから組織内ネットワークへリモートデスクトップ接続やSecure Shell(SSH)接続するときに利用する、ファイアウォールやVPN装置
- その他、DMZ上に設置されたメールサーバー、DNSサーバー、NTPサーバー

組織でセキュリティエンジニアとして働くためには、組織の重要な情報システムの用途や機能、格納しているデータ、通信や処理の流れも把握しておきましょう。たとえば、従業員がPCへログインするときのPCからADサーバーへの認証通信、従業員が組織のPCから社内の会計システムやメールサーバー、ファイルサーバーなどの情報システムを使う場合の通信、自宅から社内のPCへ接続してテレワークするときの通信などがあります。

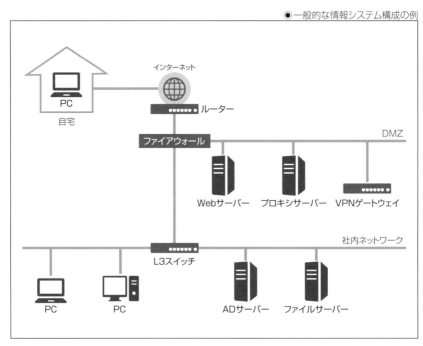

●一般的な情報システム構成の例

◆ ネットワークセグメンテーション

　情報システムのネットワークを設計する場合、通信の効率化とネットワークのアクセス制限の2つの理由から、ネットワークを分割（セグメンテーション）します。

● 通信の効率化

　同じネットワークセグメント上に関係の深い情報システムや機器だけ接続して、その他の機器を異なるネットワークセグメントへ接続すれば、別のネットワークセグメントからの不要な通信を制限できるため、同じネットワークセグメント内の機器の通信の帯域幅を確保できます。これにより、ネットワークの混雑が軽減され、ネットワーク全体の通信のパフォーマンスが向上します。

● ネットワークのアクセス制限

　セグメント化されたネットワークの間のアクセスは制限できます。その結果、他のセグメントへの不正なアクセスを制限してデータの保護を強化したり、他のセグメントへマルウェア感染や不正アクセスが広がったりすることを難しくします。

　DeMilitarized Zoneの略称のDMZ（ディエムゼット）ネットワークも、ネットワークセグメンテーションの一種です。インターネットと社内ネットワークの間に中間のネットワーク領域を設けて、サイバー攻撃がインターネットから直接社内ネットワークへ到達することを防ぎます。DMZ内には、インターネットからアクセスできるWebサーバーやメールサーバーなどを配置します。

　組織でセキュリティエンジニアとして働くためには、組織のネットワーク構成を把握しましょう。

　ネットワークセグメンテーションの具体例を示します。

- システム開発作業で本番環境のファイアウォールを操作して誤ったアクセス権の設定をしてしまうなど、誤った操作から本番環境を守るために、本番環境と開発環境を分離する
- 基幹となる情報システムのネットワークと、サイバー攻撃の起点となりうるOA環境のネットワークを分離する

● ネットワークの分離

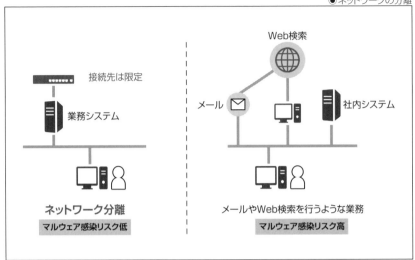

セキュリティエンジニアの仕事

🕸 組織的セキュリティ対策の理解

　組織は組織的セキュリティ対策として自社の理念やミッション、行動指針に基づいて情報セキュリティポリシーを定義し、この情報セキュリティポリシーをもとにセキュリティ対策の方針やセキュリティの行動指針を定めます。また、その情報セキュリティポリシーをもとにして、組織として具体的に守るべきポイントや行動をセキュリティガイドラインに定めます。

　セキュリティエンジニアとして働くためには、まずそれらを理解することが必要です。

🕸 物理的セキュリティ対策の理解

　組織のビルの入り口では、入館と退館をカメラで監視・記録したり、共連れを防止できるICカード認証の入退館ゲートを設置したりします。大切なデータを取り扱うサーバーやその情報システムを操作する部屋は、部外者の不正侵入を防ぐために、ICカード認証や生体認証を使ったスマートロック付きの扉や監視カメラを設置して、物理的セキュリティ対策を一段階厳しく対策します。

　金融機関の勘定系システムやクレジットカード情報を取り扱う情報システムは、金融機関等コンピュータシステムの安全対策基準・解説書やPCI DSSにしたがって、このような物理セキュリティ対策を行っています。

　また、内部不正の防止のために、担当者の操作を室内のカメラで記録したり、人がモニターで監視したりします。

　セキュリティエンジニアとして働くためには、自組織の物理セキュリティ対策を把握しましょう。

●物理セキュリティ対策

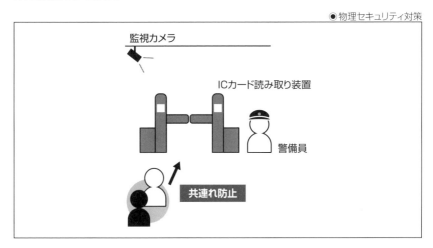

🔰 技術的セキュリティ対策の理解

　組織は、技術的セキュリティ対策として、次のようなことを実施します。組織でセキュリティエンジニアとして働くには、組織で実施している技術的セキュリティ対策を把握しましょう。

- セキュリティ対策製品の導入
- セキュリティ監視
- パッチ適用とバージョンアップ
- バックアップ

　それぞれについて説明します。

◆ セキュリティ対策製品の導入

　一般的に組織はさまざまなセキュリティ対策製品を導入しています。セキュリティ対策製品の導入例を下記に示します。

- 入口対策として、IPS/WAF
- セキュリティ監視としてNDR/SIEM
- エンドポイント対策としてウイルス対策ソフトなど

◉セキュリティ防御機能

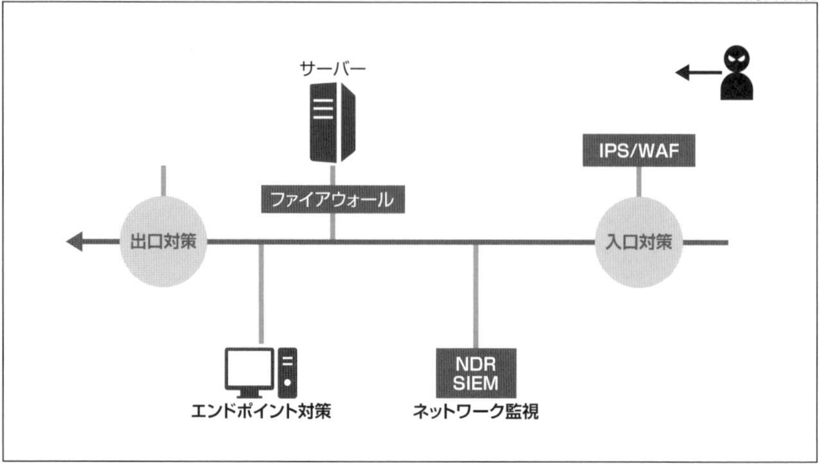

サーバー

IPS/WAF

ファイアウォール

出口対策

入口対策

エンドポイント対策　　　ネットワーク監視

NDR
SIEM

一般的に商品には導入、成長、成熟、衰退といったフェーズがあります。セキュリティ対策製品も同様です。新しい攻撃手法の開発、既存のセキュリティ機能の無効化手法や回避手法の開発、IT環境の変化などにより、適宜、導入後のセキュリティ対策製品の有効性を確認し、見直しを行う必要があります。

◆ セキュリティ監視

　一般的に組織は、導入したセキュリティ対策製品を用いて発生する事象を監視することで、セキュリティインシデントの検知・防御・対応を行っています。セキュリティ監視の例を下記に示します。

- 端末へのウイルス感染を検知
- システムへの不正アクセスを防御
- 検知したインシデントの連絡

● SOCとインシデント発生時の連絡

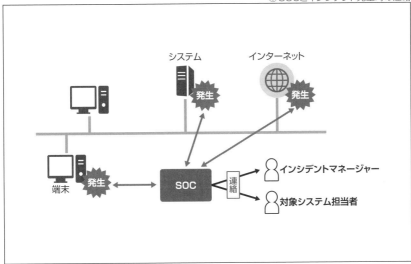

◆ パッチ適用とバージョンアップの理解

　PC・サーバー・ネットワーク機器などのソフトウェアには脆弱性が日々見つかっています。それらの脆弱性を監視して、パッチ適用やバージョンアップの対応をすることが必要です。

　脆弱性対応については、CHAPTER 05「脆弱性対応」を参照してください。

◆ バックアップの理解

　セキュリティ対策の1つとして、バックアップがあります。インシデント発生時に侵害を受けたシステムが、どのようにバックアップから回復できるか確認しましょう。

🔷 情報システムの開発工程の理解

　一般的に組織が利用する情報システムの開発においては、要件定義、設計、開発、テスト、リリースという工程があります。安全な情報システムを開発するために、セキュリティエンジニアが各工程においてどのように関わるのか確認しましょう。十分なセキュリティを持った情報システムを開発するには、セキュア開発を行う必要があります。

　詳細はCHAPTER 04「セキュア開発」を参照してください。

🔲 脅威インテリジェンスの理解

さまざまな情報源からサイバー攻撃や脆弱性の情報を収集、分析して、自組織の情報システムの弱点を抽出する手法があります。これを脅威インテリジェンス(Cyber Threat Intelligence)と呼びます。これらの情報は、脅威インテリジェンス専門のセキュリティ企業、公的なセキュリティ機関やセキュリティコミュニティ、サイバーセキュリティの専門家が提供しています。ディープウェブやダークウェブの攻撃者や攻撃グループの書き込みや自組織のセキュリティインシデントからも収集できます。情報源は、オープンソースと、参加者限定のコミュニティや有料情報提供サービスなどのクローズドな情報源に分かれます。

オープンソースから情報収集する場合は、インターネット上の公開情報、たとえば、ニュースサイト、公的なセキュリティ機関のデータベースやレポート、論文、技術文書などを調査します。このサイバー攻撃に関する情報をオープンソースから収集する活動をOSINT(「Open Source Intelligence」の略称)と呼びます。広義のOSINTは、サイバー攻撃に関する情報収集だけでなく、研究、市場調査、顧客動向分析、競合分析などのさまざまな目的の情報収集も含みます。インターネットからさまざまな情報を入手可能な現代において、非常に有効な調査手段です。

組織でセキュリティエンジニアとして働くには、脅威インテリジェンスとは何か理解しましょう。

脅威インテリジェンスは具体的に下記のような活用がされます。

◆ 攻撃者の特定

サイバー攻撃には、攻撃者や攻撃グループのクセや決まった手法があります。サイバー攻撃の情報から攻撃者や攻撃グループを特定できれば、サイバー攻撃の目的を推測できます。さらに調査して、攻撃者や攻撃グループの活動状況やサイバー攻撃に使っているIPアドレスや通信の特徴などの情報を入手できます。これらの情報は、サイバー攻撃の検知や防御に役立ちます。

◆ サイバー攻撃の前兆の発見

ログを調査分析して、サイバー攻撃を本格的に行う前の攻撃者の偵察などの行動を発見します。また、ディープウェブやダークウェブを調査して、自組織に関する情報を発見できれば、そこからサイバー攻撃の発生を推測できます。

◆ 脆弱性管理

公開しているソフトウェアの脆弱性情報、脆弱性を悪用したサイバー攻撃の有無、セキュリティパッチの有無などを把握します。リスクの高い脆弱性は、速やかに対応します。

脆弱性管理を含む脆弱性に関する業務は、CHAPTER 05「脆弱性対応」を参照してください。

◆ サイバー攻撃手法とセキュリティ対策のギャップの認知

発見した新たな脅威やサイバー攻撃手法に対する現行のセキュリティ対策の効果を確認します。

● 攻撃者の脅威インテリジェンスの理解

脅威は情報資産を脅かす存在という意味のため、攻撃者の脅威インテリジェンスという言葉は少し違和感があるかもしれません。しかし攻撃者もサイバー攻撃の前に同様の調査活動を行います。そして、その調査の結果をもとに攻撃計画を立案します。セキュリティエンジニアは、攻撃者も脅威インテリジェンスを活用することを理解しておく必要があります。

下記に攻撃者が、組織を狙う場合の脅威インテリジェンスの例を挙げます。

●組織を狙う場合の脅威インテリジェンスの例

脅威インテリジェンス	説明
標的の選定	組織の財務情報、取引先、製品、従業員などを調査して、これらの情報を基に標的の組織や情報システムを決定する
偵察	標的のネットワーク構成、使用しているソフトウェア、従業員の名前や役職など、サイバー攻撃に使用する情報を調査する。ソーシャルメディアなどから従業員の趣味、家族構成、働いている場所などの詳細な情報を収集する
社会工作	収集した情報を用いて、特定の従業員と信頼関係を構築したり、よりリアルなフィッシングメールを作成したりする
攻撃する脆弱性の特定	標的が使用しているソフトウェアの脆弱性有無や、ネットワーク制御のセキュリティホール、弱いパスワードなど、サイバー攻撃が可能な弱点を見つけ出す

🔲 セキュリティインシデント発生時の対応の理解

セキュリティインシデントが発生した場合、組織としてどのような体制でどのように対応するか、セキュリティエンジニアは理解しておく必要があります。最近は、複雑化する情報システム、高度化するサイバー攻撃を背景に、セキュリティインシデントに対応するチーム、あるいは機能として、組織内にコンピュータセキュリティインシデント対応チーム（以下、「CSIRT」という）を設置するようになってきています。

下記はCSIRT、またはCSIRT機能がある組織のセキュリティインシデント対応体制です。

◆ インシデントハンドリングの理解

セキュリティインシデント発生時に実施すべきインシデントハンドリングにおいて何が行われるか理解しましょう。

●インシデントマネジメント

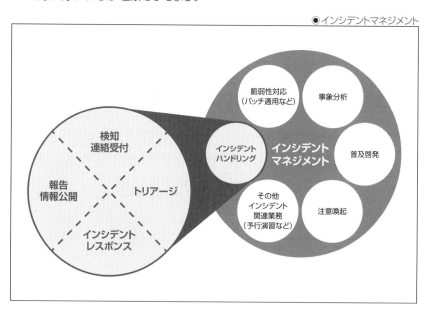

CSIRTは、上図のようにインシデントマネジメントを行います。そのうち、セキュリティインシデントが起きたときにタイムリーな対応が求められる箇所は「インシデントハンドリング」と記載している箇所です。CSIRTはセキュリティインシデントの検知連絡を受けてトリアージ（情報収集と対応要否や優先順位判断）を行い、インシデントレスポンス（事象を分析し、対応を計画実施）します。

　また、起きてしまったセキュリティインシデントにより個人情報が流出してしまったなどで組織外にセキュリティインシデントの公表が必要な場合には、組織の広報担当部門と連携してプレスリリースなどの報告・情報公開の対応にあたります。

　基本的なインシデントハンドリングフローも下図に示します。

●基本的なインシデントハンドリングフロー

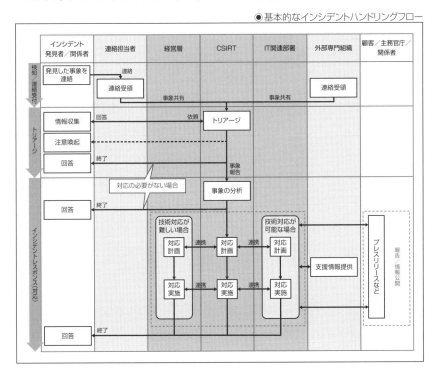

◆ セキュリティインシデント対応における役割分担の理解

　CSIRTでは、メンバーでセキュリティインシデント対応に必要な役割を分担します。下記は、セキュリティインシデント対応に必要な役割分担の例です。

- セキュリティオペレーション
  - セキュリティイベントの監視
- インシデント全体統括
  - セキュリティインシデント対応の統制
- インシデント対応
  - インシデント管理
  - インシデント処理

　組織でセキュリティエンジニアとして働くためには、自組織のインシデント対応における役割分担を理解しましょう。

　詳細は、CHAPTER 06「セキュリティオペレーション」、CHAPTER 07「全体統括（CSIRTコマンダー）」、CHAPTER 08「インシデント管理とインシデント処理」を参照してください。

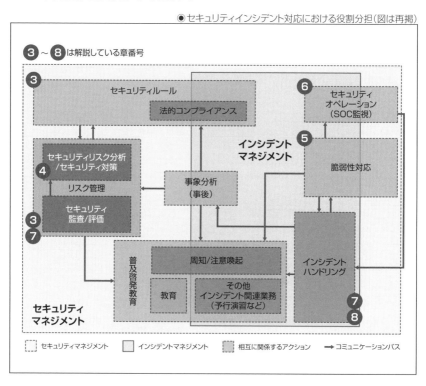

●セキュリティインシデント対応における役割分担（図は再掲）

セキュリティインシデント発生に備えた準備の理解

　セキュリティインシデント発生に備えて、組織として何を行っているのか、セキュリティエンジニアは理解しておく必要があります。

セキュリティインシデント発生に備えて、組織として行う準備の例を下記に示します。これらはCSIRTが中心になって実施します。

- CSIRTのサービス提供内容の決定
- セキュリティインシデント発生時の連絡と連携の準備
- セキュリティインシデントの対応手順の準備
- 定期的なインシデント対応訓練

◆ CSIRTのサービス提供内容の決定

CSIRTの対応範囲や社内、社外にどのようなサービスを提供するのか、それはどのレベルでどのような時間帯で行うのかを定めます。

●CSIRTのサービス提供内容の例

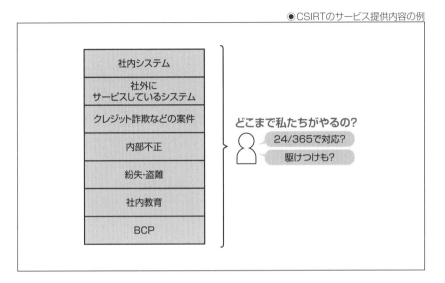

社内システム

社外に
サービスしているシステム

クレジット詐欺などの案件

内部不正

紛失・盗難

社内教育

BCP

どこまで私たちがやるの?
24/365で対応?
駆けつけも?

◆ セキュリティインシデント発生時の連絡と連携の準備

セキュリティインシデントが発生したら、インシデント発生元の部門は、速やかにCSIRTへ連絡しなければなりません。インシデント発生元の部門がCSIRTの連絡先をすぐにわかるように、ポータルサイトの目立つ場所に連絡先を載せたりします。コミュニケーション手段として、文字主体のツールだけでなく、音声でコミュニケーションが取れるツールも確保します。急いでセキュリティインシデントの情報を収集したり、インシデント対応を指示したりする場合は、やはり音声のコミュニケーションが迅速です。

CSIRTは、広報部門、法務部門などのCSIRTと連携する社内の部門の連絡先一覧と連絡方法などを整備します。

セキュリティインシデント発生時は、関連する部門の担当者へセキュリティインシデントの情報を速やかに共有して、それぞれの関連部門はインシデント対応を開始します。セキュリティインシデントが夜間や祝日に発生したときでも連絡できるようにします。上記の部門間は、セキュリティインシデントの機微な情報や、マルウェアやサイバー攻撃の具体的な方法などの危険な情報もやり取りします。安全で信頼できるコミュニケーション手段を整備します。

02
セキュリティエンジニアの仕事

◆ セキュリティインシデントの対応手順の準備

スムーズにセキュリティインシデントに対応できるよう、あらかじめセキュリティインシデントの対応手順を準備しておきます。

攻撃者が社内システムへ不正アクセスして社内ネットワークを遮断するときは、情報システム部門が対応します。取引先や顧客に影響が出た場合は、その業務に関係する事業部門や営業部門が、取引先やお客様へお詫びなどの対応をします。システム停止や情報漏えいをプレスリリースする場合は広報部門、訴訟や損害賠償を伴うような場合は法務部門が対応します。このようにセキュリティインシデントは、インシデント発生元の部門だけでは十分な対応ができないため、CSIRTを中心に社内の部門が連携して対応します。

CSIRTだけでなく、CSIRTと連携する社内の部門も、事前にインシデント対応で実施することを手順化しておきます。セキュリティインシデントの被害を最小限に抑えて復旧するという共通の目標に向かって、各部門が自律的に動けるようにします。

◆ 定期的なインシデント対応訓練

インシデント対応の手順書とコミュニケーション手段が整っていても、インシデント対応の未経験者が素早く適切にインシデント対応することは困難です。セキュリティインシデントの対応に時間がかかったり、間違った対応を行ったりしないように、定期的にインシデント対応の訓練を実施します。

CHAPTER
03
セキュリティマネジメント

>>> **本章の概要**

　情報セキュリティマネジメントとは、組織が情報資産を漏えいや改ざんなどの情報セキュリティリスクから守るために、組織全体で情報資産を体系的に管理して、適切な運用を行うことです。

　本章では、セキュリティエンジニアが知っておくべき組織における情報セキュリティマネジメントの取り組みについて解説します。

情報セキュリティマネジメントの実施事項

　情報セキュリティマネジメントとは、組織が情報資産を漏えいや改ざんなどの情報セキュリティリスクから守るために、組織全体で情報資産を体系的に管理して、適切な運用を行うことです。単にセキュリティ対策するだけでは、体系的な取り組みにならず、良い効果を得ることができません。セキュリティリスク分析、情報セキュリティポリシーの策定、従業員への定期的な教育など、必要なプロセスを組織全体で持続的に行うことが、情報セキュリティマネジメントには求められます。

　これらの取り組みは、情報セキュリティマネジメントシステムと呼びます。本章では、組織における情報セキュリティマネジメントの取り組みを詳しく解説します。

　一般的な情報セキュリティマネジメントに必要なプロセスを挙げます。

- 情報セキュリティマネジメントの体制の構築
- 情報セキュリティに関する規程類の管理
- 組織が保有する情報資産の管理
- セキュリティリスク分析とセキュリティ対策
- 情報セキュリティ教育
- 情報セキュリティ監査と評価
- セキュリティインシデントマネジメント

　これらをPDCAサイクルに基づき実施します。

●PDCAサイクル

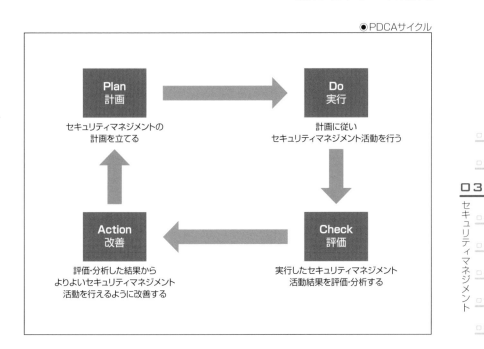

プロセスを順番に解説します。

情報セキュリティマネジメントの体制の構築

情報セキュリティマネジメントを推進するために実行体制を作ります。

たとえば、CISOと情報セキュリティ委員会、情報セキュリティ担当部署を設置して、情報セキュリティマネジメントを推進する場合を解説します。

●情報セキュリティ組織の体制図の例

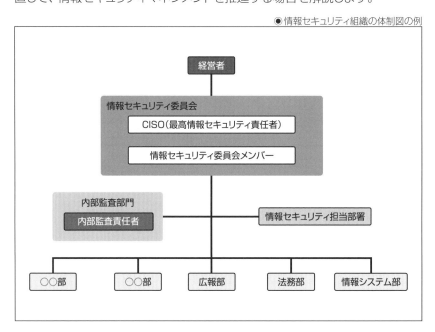

◉ CISO（シー・アイ・エス・オー/シーソー）

企業の経営者や組織の責任者は、最高情報セキュリティ責任者（CISO: Chief Information Security Officer）を任命します。CISOは、情報セキュリティ委員会で情報セキュリティの戦略の決定や情報セキュリティ規程の制定など、重要な事項を決定します。情報セキュリティ委員会で決定した情報セキュリティ戦略をもとに、責任を持って各種セキュリティ施策を遂行します。

実際は、情報セキュリティ担当部署とともに、セキュリティ対策や情報セキュリティ教育などの具体的なセキュリティ施策を実行します。そして、組織の情報セキュリティの状況を企業の経営者や組織の責任者に報告します。

🔷 情報セキュリティ委員会

　情報セキュリティ委員会は、組織の情報セキュリティに関係する重要な事項を決定する意思決定の場です。

　企業の経営者や組織の責任者は、情報セキュリティ委員会を設置して、委員長にCISOを任命します。情報セキュリティ担当部署のメンバーが事務局として情報セキュリティ委員会を運営します。各部門の責任者を集めて、情報セキュリティ委員会を開催します。

　情報セキュリティ委員会の参加者の例は、下記の通りです。

- CISO
- 情報セキュリティ運営組織の情報セキュリティ管理責任者
- 各主要組織の情報セキュリティ責任者
- 法務／コンプライアンス部門の責任者
- データ保護責任者
- 総務／リスク管理部門の責任者
- 広報部門の責任者
- 情報システム部門の責任者

　定期的に情報セキュリティ委員会を開催して、さまざまな議題を議論して決定したり、組織の情報セキュリティ状況を報告したりします。

　下記に情報セキュリティ委員会で取り上げる議題の例を示します

- 情報セキュリティ戦略、情報セキュリティの目標の決定
- 情報セキュリティ規程の制定や改訂
- 情報セキュリティに関する施策や対策、教育の承認
- 情報セキュリティ計画や予算の承認
- 組織の情報セキュリティに関する各種報告

　次に、各議題の内容を説明します。

◆ 情報セキュリティ戦略、情報セキュリティの目標の決定

　企業や組織のビジョンや目標に基づいて、情報セキュリティの戦略を議論して決定します。従業員向けに、組織の情報セキュリティ活動の目標も決定します。

◆ 情報セキュリティ規程の制定や改訂

　情報セキュリティポリシーやスタンダード、プロシージャ、ガイドラインを制定する場合は、情報セキュリティ委員会で内容を審議して、承認します。情報セキュリティ規程を改訂したり、廃止したりする場合も審議して、承認します。

◆ 情報セキュリティに関する施策や対策、教育の承認

　情報セキュリティ戦略や情報セキュリティの目標に基づいて、さまざまな情報セキュリティ施策やセキュリティ対策を提案します。情報セキュリティ委員会は、それらの必要性や効果を審議して、実施の可否を判断、承認します。

◆ 情報セキュリティ計画や予算の承認

　上記のセキュリティ施策やセキュリティ対策をまとめた1年間の計画や中長期の計画を承認します。計画の実行に必要な予算は、費用対効果を判断して承認します。

◆ 組織の情報セキュリティに関する各種報告

　情報セキュリティ委員会では、たとえば、情報セキュリティに関係する下記の議題を報告します。

- 組織のセキュリティリスク分析結果、情報セキュリティリスク
- セキュリティインシデントの発生件数や被害額など
- 情報セキュリティ教育の実施状況
- 情報セキュリティ規程の遵守状況
- 各情報セキュリティ施策の進捗状況、投資対効果
- 情報セキュリティ認証の審査状況や取得状況
- 情報セキュリティの監査結果

　CISOは、情報セキュリティ委員会の結果を企業の経営者や組織の責任者に報告します。

◈ 情報セキュリティ担当部署

情報セキュリティ担当部署は、セキュリティマネジメントを推進する実働部隊です。組織内に情報セキュリティ担当部署を配置します。専門の組織を配置する場合と、各主要部門内にそれぞれ兼任の組織を配置する場合があります。情報セキュリティ担当部署の担当者は、専任の場合と兼務の場合があります。

情報セキュリティ担当部署は、情報セキュリティ委員会で策定した方針や計画に従って、具体的な情報資産の管理や運用を実施します。

下記に情報セキュリティ担当部署の各種情報セキュリティ活動の例を示します。

- 情報セキュリティ計画の進捗管理
- 情報セキュリティ規程の策定と施行
- 組織のセキュリティリスク管理
- 情報セキュリティ教育と訓練
- 周知、広報
- 情報セキュリティ認証の取得と維持
- セキュリティインシデントの対応と管理
- 情報セキュリティ委員会の運営
- CISOの補佐

◈ 内部監査部門

企業の経営者や組織の責任者は、内部監査部門を設置して、内部監査責任者と監査担当者を任命します。内部監査責任者と監査担当者は、企業の経営者や組織の責任者が立てた方針に従って、情報セキュリティマネジメントの遂行状況を評価します。

内部監査部門は、情報セキュリティ担当部署との独立性を保ち、客観的に評価します。

企業の経営者や組織の責任者へ評価結果を報告したり、情報セキュリティ担当部署へ問題の指摘や改善の提案をしたりします。

01
02
03
セキュリティマネジメント
04
05
06
07
08

情報セキュリティに関する規程類

情報セキュリティに関する規程類は、情報セキュリティマネジメントを遂行するときの基本ルールです。組織は、情報セキュリティに関する規程類にもとづいて、セキュリティリスク管理、セキュリティ対策、情報セキュリティ教育、セキュリティインシデント対応を行います。

● 情報セキュリティに関する規程類の種類と構造

情報セキュリティに関する規程類は、情報セキュリティポリシー、情報セキュリティスタンダード、情報セキュリティプロシージャ/ガイドラインの3種類です。

情報セキュリティに関する規程類の構造を、下図に示します。

●情報セキュリティに関する規程類の構造

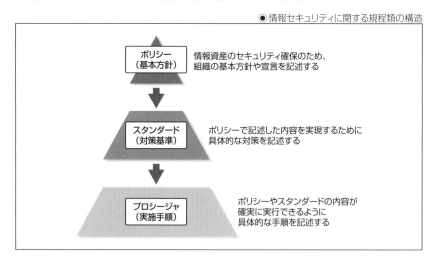

ポリシー（基本方針）	情報資産のセキュリティ確保のため、組織の基本方針や宣言を記述する
スタンダード（対策基準）	ポリシーで記述した内容を実現するために具体的な対策を記述する
プロシージャ（実施手順）	ポリシーやスタンダードの内容が確実に実行できるように具体的な手順を記述する

◆ 情報セキュリティポリシー

情報セキュリティポリシー、または情報セキュリティ基本方針は、組織全体の情報セキュリティに対する基本的な取り組みの方針を宣言する文書です。組織が、情報セキュリティにおける価値観や原則を明確に示します。情報セキュリティポリシーでは、たとえば、情報資産の保護とセキュリティ対策、セキュリティ教育、セキュリティ評価や監査、セキュリティインシデント対応、法令やガイドラインの遵守などの方針を定めます。

情報セキュリティポリシーの具体的な記載事項の例を下図に示します。

●情報セキュリティポリシーの記載事項の例

情報セキュリティ基本方針

株式会社○○○○（以下、当社）は、お客様からお預かりした/当社の/情報資産を事故・災害・犯罪などの脅威から守り、お客様ならびに社会の信頼に応えるべく、以下の方針に基づき全社で情報セキュリティに取り組みます。

1.経営者の責任
当社は、経営者主導で組織的かつ継続的に情報セキュリティの改善・向上に努めます。

2.社内体制の整備
当社は、情報セキュリティの維持及び改善のために組織を設置し、情報セキュリティ対策を社内の正式な規則として定めます。

3.従業員の取組み
当社の従業員は、情報セキュリティのために必要とされる知識、技術を習得し、情報セキュリティへの取り組みを確かなものにします。

4.法令及び契約上の要求事項の遵守
当社は、情報セキュリティに関わる法令、規制、規範、契約上の義務を遵守するとともに、お客様の期待に応えます。

5.違反及び事故への対応
当社は、情報セキュリティに関わる法令違反、契約違反及び事故が発生した場合には適切に対処し、再発防止に努めます。

制定日:200○年○月○日
株式会社○○○○
代表取締役社長　○○○○

　情報セキュリティポリシーで、セキュリティマネジメントの方針が決まります。セキュリティマネジメントは、情報セキュリティポリシーに従って実践します。組織全体で統一した基準・方針でセキュリティ対策が行えるようになります。

　情報セキュリティポリシーは、従業員がいつでも参照できるように組織の社内のポータルサイトなどに掲載します。情報セキュリティポリシーを組織外へ公開する場合は、コーポレートサイトなどに掲載します。

◆ 情報セキュリティスタンダード

　情報セキュリティスタンダード、または情報セキュリティ対策基準は、情報セキュリティポリシーの方針に基づいて、セキュリティ基準やセキュリティ要件をより具体的で実施可能な遵守事項や禁止事項で示した文書です。情報セキュリティスタンダードは、異なる部門やプロジェクトに共通の情報セキュリティのルールです。組織の従業員は、情報セキュリティスタンダードを遵守して、セキュアに業務を行わなければなりません。

　下記に情報セキュリティスタンダードの例を示します。

- 機密情報の取り扱いルール
- 個人情報の取り扱いルール
- メールのセキュリティ対策ルール
- セキュリティインシデント対応ルール

　下図は情報セキュリティスタンダードのうちの1つの例である、従業員に関する情報セキュリティ対策基準です。

1.雇用条件
従業員を雇用する際には秘密保持契約を締結する。

2.従業員の責務
従業員は、以下を遵守する。
● 従業員は、当社が営業秘密として管理する情報及びその複製物の一切を許可されていない組織、人に提供してはならない。
● 従業員は、当社の情報セキュリティ方針及び関連規程を遵守する。違反時の懲戒については、就業規則に準じる。
※当社が営業秘密として管理する情報とは、3情報資産管理1.1情報資産の特定と機密性の評価に示す「情報資産管理台帳」の機密性評価値が1以上のものをいう

3.雇用の終了
● 従業員は、在職中に交付された業務に関連する資料、個人情報、顧客・取引先から当社が交付を受けた資料又はそれらの複製物の一切を退職時に返還する。
● 従業員は、在職中に知り得た当社の営業秘密又は業務遂行上知り得た技術的機密を利用して、競合的あるいは競業的行為を行ってはならない。

4.情報セキュリティ教育
教育責任者は、以下の点を考慮し、情報セキュリティに関する教育計画を年度単位で立案する。
対象者：全従業員
テーマ：以下は必須とする。
● 情報セキュリティ関連規程の説明（入社時、就業時）
● 最新の脅威に対する注意喚起（随時）
● 関連法令の理解（関連法令の公布・施行時）
● 個人情報の取り扱いに関する留意事項

<以下略>

◆ 情報セキュリティプロシージャ/ガイドライン

　情報セキュリティプロシージャ/ガイドラインは、情報セキュリティスタンダードに基づいて、具体的なセキュリティ対策の設定方法やセキュアな作業手順を記した文書です。情報セキュリティスタンダードを個別の組織や情報システム、ユーザーに合わせてカスタマイズした情報セキュリティプロシージャを使えば、情報セキュリティ規程の遵守が容易になります。

　たとえば、安全なアカウント管理を規定した情報セキュリティスタンダードを従業員向けに具体化した情報セキュリティプロシージャでは、強固なパスワードの設定手順を明記しています。システム管理者向けの情報セキュリティプロシージャでは、従業員に新たなアカウントを払い出すときの権限やパスワードの有効期限などを設定する手順を明記しています。

　このように従業員は、情報セキュリティプロシージャを使って、少ない負担で情報システムへセキュリティ対策を実装したり、安全に業務を行ったりできます。

　下記に情報セキュリティプロシージャの例を示します。

● Webサービスのセキュリティ対策手順書
● Eメールシステムに関するセキュリティ対策ガイドライン
● 情報システムのセキュリティ開発ガイドライン

情報セキュリティに関する規程類のライフサイクル管理

情報セキュリティに関する規程類は、制定、普及啓発、改訂、廃止のライフサイクルを管理します。

◆ 制定

情報セキュリティの取り組みを徹底するために、セキュリティマネジメントを体系的に文書化して、情報セキュリティに関する規程類として制定します。情報セキュリティに関する規程類は、情報セキュリティ担当部署が作成して、情報セキュリティ委員会で承認を得ます。

◆ 普及啓発

組織内の従業員へ情報セキュリティに関する規程類を周知したり、教育したりして、遵守させます。情報セキュリティに関する規程類は、制定しただけでは効果がありません。従業員は情報セキュリティに関する規程類を遵守せず、規程類は形骸化します。まずは情報セキュリティに関する規程類を従業員へ周知して認知してもらいます。

次に従業員が情報セキュリティに関する規程類の意味を正しく理解して、情報セキュリティに関する規程類を遵守して業務を行えるように、定期的に教育します。わかりにくい情報セキュリティに関する規程類は、具体的な業務手順や情報セキュリティの事例を使ってわかりやすく説明します。

特に新入社員や中途採用者には、情報セキュリティに関する規程類の周知と教育が欠かせません。

◆ 改訂

定期的に情報セキュリティに関する規程類の見直しの要否を検討します。情報セキュリティに関係する法律や業界のセキュリティ対策ガイドラインの変化に合わせて、情報セキュリティに関する規程類を改訂します。

また、セキュリティ対策やセキュリティインシデント対応、情報セキュリティ監査などから得た課題から、情報セキュリティに関する規程類を見直しします。

◆ 廃止

不要になった情報セキュリティに関する規程類は、情報セキュリティ委員会で承認を得て廃止します。

組織が保有する情報資産の管理

　情報セキュリティ担当部署は、組織の保有する情報資産の管理を推進します。情報資産は、情報資産管理台帳に登録し、その棚卸しは定期的に行います。情報資産は、その資産の重要度に応じて分類します。

　組織が保有する最新の情報資産を正しく管理することは、適切なセキュリティ対策を行うための基礎になります。

📂 情報資産管理台帳

　台帳に設ける項目は組織により異なります。たとえば、情報資産の管理番号、名称、利用者、管理者、保存場所、使用期間の項目です。

　情報資産管理台帳の例を示します。

●情報資産管理台帳の例（一部抜粋）

情報資産管理台帳

業務分類	情報資産名称	備考	利用者範囲	管理部署	媒体・保存先	個人情報の種類			評価値				保存期間	登録日	現状から想定されるリスク		
						個人情報	要配慮個人情報	特定個人情報	機密性	完全性	可用性	重要度			脅威の発生頻度 ※「脅威の状況」シートに入力すると表示	脆弱性 ※「シートに	
人事	社員名簿	社員基本情報	人事部	人事部	事務所PC	有			3	1	1	3		2023/4/1	3：通常の状態で脅威が発生する（いつ発生してもおかしくない）	2：部分的に	
人事	社員名簿	社員基本情報	人事部	人事部	書類	有			3	3	3	3		2023/4/1	2：特定の状況で脅威が発生する（年に数回程度）	2：部分的に	
人事	健康診断の結果	雇入時・定期健康診断	人事部	人事部	書類		有		3	3	2	3	5年	2023/4/1	2：特定の状況で脅威が発生する（年に数回程度）	2：部分的に	
経理	給与システムデータ	税務署提出用源泉徴収票	給与計算担当		事務所PC			有	3	3	2	3	7年	2023/4/1	2：特定の状況で脅威が発生する（年に数回程度）	2：部分的に	
経理	当社宛請求書	当社宛請求の原本（過去3年分）	総務部	総務部	書類				2	2	2	2		2023/4/1	2：特定の状況で脅威が発生する（年に数回程度）	2：部分的に	
経理	発行済請求書控	当社発行の請求書の控え（過去3年分）	総務部	総務部	書類				3	3	2	3		2023/4/1	2：特定の状況で脅威が発生する（年に数回程度）	2：部分的に	
共通	電子メールデータ	重要度は混在の為最高値で評価	担当者	総務部	事務所PC	有			3	3	3	3		2023/4/1	3：通常の状態で脅威が発生する（いつ発生してもおかしくない）	2：部分的に	
共通	電子メールデータ	Gmailに転送	担当者	総務部	社外サーバー	有			3	3	3	3		2023/4/1	3：通常の状態で脅威が発生する（いつ発生してもおかしくない）	2：部分的に	
営業	顧客リスト	得意先（直近5年間に実績があるもの）	営業部	営業部	社内サーバー	有			3	3	2	3		2023/4/1	3：通常の状態で脅威が発生する（いつ発生してもおかしくない）	2：部分的に	
営業	顧客リスト	得意先（直近5年間に実績があるもの）	営業部	営業部	可搬電子媒体	有			3	3	2	3		2023/4/1	2：特定の状況で脅威が発生する（年に数回程度）	2：部分的に	
営業	顧客リスト	得意先（直近5年間に実績があるもの）	営業部	営業部	モバイル機器	有			3	3	2	3		2023/4/1	3：通常の状態で脅威が発生する（いつ発生してもおかしくない）	2：部分的に	
営業	受注伝票	受注伝票（過去10年分）	営業部	営業部	社内サーバー				2	2	2	2		2023/4/1	2：特定の状況で脅威が発生する（年に数回程度）	2：部分的に	
営業	受注伝票	受注伝票（過去10年分）	営業部	営業部	書類				2	2	2	2		2023/4/1	2：特定の状況で脅威が発生する（年に数回程度）	2：部分的に	
営業	受注契約書	受注契約書原本（過去10年分）	営業部	営業部	書類				2	2	3	3		2023/4/1	2：特定の状況で脅威が発生する（年に数回程度）	2：部分的に	
営業	製品カタログ	現役製品カタログ一式	営業部	営業部	社内サーバー				1	2	2	2		2023/4/1	3：通常の状態で脅威が発生する（いつ発生してもおかしくない）	2：部分的に	

　ちなみに、ISMSを取得している組織では、セキュリティリスク分析を実施してその評価値やリスクを低減するセキュリティ対策を情報資産管理台帳に記載して管理します。

SECTION-22
セキュリティリスク分析と
セキュリティ対策

　情報セキュリティ担当部署は、情報資産管理台帳に記載されている情報資産の潜在的な脅威や脆弱性を評価して、組織が直面するさまざまな情報セキュリティリスクを理解します。そして、これらの情報セキュリティリスクへ、適切なセキュリティ対策を実施します。

🔹 セキュリティリスク分析

　セキュリティリスク分析を行う前にセキュリティリスク分析手法を決定します。下記にセキュリティリスク分析手法を説明します。

◆ セキュリティリスク分析手法

　情報資産の情報セキュリティリスクの有無や大きさを評価する手法が、セキュリティリスク分析手法です。CHAPTER 01「情報セキュリティの基礎知識」では、セキュリティリスク分析手法のうち、資産価値と脅威と脆弱性を使った資産ベースの詳細リスク分析の手法を説明しました。

　下記に、一般的な情報セキュリティのリスク分析手法を紹介します。

● ベースラインアプローチ

　分析対象の組織や情報システムのセキュリティ対策とセキュリティ対策基準やセキュリティ対策ガイドラインを比較して、セキュリティ対策のギャップからセキュリティリスクを把握する手法です。簡易的にリスク分析を行えます。ギャップ分析とも呼びます。

● 詳細リスク分析

　分析対象の組織や情報システムの情報資産をすべて洗い出して、資産価値、脅威、脆弱性を使って、セキュリティリスクを分析して評価する手法が、資産ベースの詳細リスク分析手法です。

　同様に分析対象の組織や情報システムの情報資産をすべて洗い出して、あるサイバー攻撃を受けた場合の被害額、脅威、脆弱性を使って、セキュリティリスクを分析して評価する手法が、攻撃シナリオベースの詳細リスク分析手法です。

　詳細リスク分析には、その他にも、いろいろな手法があります。

● 非形式的アプローチ

リスク分析担当者の知識や経験などのノウハウを使ってリスクを評価する手法です。

● 組合せアプローチ

複数のリスク分析手法を組み合わせて、リスク分析する手法です。たとえば、重要な情報資産には詳細リスク分析を適用して、他の情報資産にはベースラインアプローチを適用する組み合わせ方があります。

◆ 脅威/サイバー攻撃の一覧

セキュリティリスク分析では、情報資産に関係する脅威、つまりサイバー攻撃を洗い出して、情報資産が、そのサイバー攻撃を受けて発生する情報セキュリティリスクを分析、評価します。そのため、情報セキュリティの脅威の一覧が必要です。

たとえば、6種類の脅威を定義したMicrosoftの「STRIDEモデル」があります。Spoofing（なりすまし）、Tampering（改ざん）、Repudiation（否認）、Information Disclosure（情報漏えい）、Denial of Service（サービス妨害）、Elevation of Privilege（権限昇格）の6種類の脅威の頭文字を取って、STRIDEモデルと呼びます。

◆ セキュリティリスク分析手順

リスク分析表へ、情報資産と情報資産に関係する脅威と脆弱性を記入しながら、セキュリティリスク分析を行います。

たとえば資産ベースの詳細リスク分析では、すべての情報資産を洗い出し、その情報資産に関係する脅威と脆弱性を当てはめ、情報セキュリティリスクを分析します。攻撃シナリオベースの詳細リスク分析では、この情報資産がサイバー攻撃を受けた場合の被害発生の有無、被害の種類、被害の大きさや被害額などを検討して記入します。

◆リスク分析表

セキュリティリスク分析に必要な情報や分析結果は、リスク分析表へまとめます。リスク分析表の項目の例を下記に示します。

●リスク分析表の項目の例

大項目	中項目	小項目
情報資産の情報	名称	・バージョン
脅威	サイバー攻撃の名称	・サイバー攻撃の説明
脆弱性	影響のある脆弱性の名称	・脆弱性の概要 ・CVE番号 ・CVSSの深刻度スコア ・脆弱性の対策状況
影響や被害	被害の名称	・CIAなどの被害の種類 ・具体的な被害内容 ・被害の大きさ、被害額など ・リスクの優先順位
セキュリティ対策案	セキュリティ対策の名称	・セキュリティ対策の説明 ・セキュリティ対策の種類（組織的/物理的/技術的/人的セキュリティ対策） ・対策効果、リスク低減/軽減量 ・対策コスト ・セキュリティ対策の採用可否 ・セキュリティ対策の優先順位

◆ セキュリティ対策の記入

リスク分析表へ情報資産の情報、脅威、脆弱性、影響や被害の記入が終わったら、セキュリティ対策を記入します。

セキュリティ対策の選び方は、次項「適切なセキュリティ対策」で解説します。

🔹 適切なセキュリティ対策

セキュリティリスク分析が終了したら、情報セキュリティリスクに対するセキュリティ対策を検討します。情報セキュリティリスクの数が多い場合は、情報セキュリティリスクの優先順位が高いリスクから、セキュリティ対策を検討します。セキュリティ対策は、組織的セキュリティ対策、人的セキュリティ対策、物理的セキュリティ対策、技術的セキュリティ対策などがあります。

下記にセキュリティ対策例の一覧を挙げます。

◆ 組織的セキュリティ対策

組織的セキュリティ対策は、たとえば従業員が正しく情報セキュリティの安全管理を行えるよう組織を整備することです。情報セキュリティ管理体制の設置、情報セキュリティに関する規程類の制定、監査など、組織が関与するセキュリティ対策により、情報システムを守ることができるセキュリティ対策です。

01
02
03
セキュリティマネジメント
04
05
06
07
08

下記に組織的セキュリティ対策の例を示します。

● 組織的セキュリティ対策の例

対策の種類	具体例	説明
情報セキュリティ管理体制の設置	情報セキュリティ担当部署	情報セキュリティ管理の専門部署を設置して、情報セキュリティ規程の制定やセキュリティ対策製品の導入など、情報セキュリティ活動を遂行する
	CSIRT	セキュリティインシデントが発生したときに、インシデントを対処して、被害を最小限に抑えて、早急な復旧を支援する
	SOC	セキュリティ機器を集中的に監視して、潜在的な脅威やサイバー攻撃を検知して対応する
情報セキュリティに関する役割の任命	CISO	情報セキュリティ戦略をもとに、責任を持って各種セキュリティ施策の実行を指示する
	インシデントマネージャー、インシデントハンドラー	セキュリティインシデントの発生から解決までのインシデントハンドリングを中心となって行う
情報セキュリティに関する規程類の制定と見直し	情報セキュリティポリシー（情報セキュリティ基本方針）	組織全体の情報セキュリティに対する基本的な取り組みの方針を宣言する
	情報セキュリティスタンダード（情報セキュリティ対策基準）	セキュリティ基準やセキュリティ要件をより具体的で実施可能な遵守事項や禁止事項を示す
	個人情報に関する取り扱い規程	個人情報の収集時の説明や、適切な管理方法、セキュリティ対策方法などを規定する

◆ 物理的セキュリティ対策

　火災、地震、津波などの災害対策も、広い意味での情報システムを守るための物理的セキュリティ対策に含みますが、ここでは情報セキュリティリスクに対する物理的セキュリティ対策のみを説明します。

　次ページの表に物理的セキュリティ対策のセキュリティ製品やセキュリティサービスの例を示します。

●物理的セキュリティ対策のセキュリティ製品やセキュリティサービスの例

製品やサービス	場所	説明
・施錠管理	・ラック	サーバーを格納するラックの施錠を管理する
・セキュリティゲート ・アンチパスバック ・マントラップ	・サーバルーム出入口 ・施設出入口	入室許可のない人物の侵入を防ぐ。金属探知機やX線検査装置を設置してUSBメモリなどのデータの持ち出しが可能な可搬記録媒体の持ち込みをチェックする
・テンキー方式認証装置	・サーバルーム出入口 ・施設出入口	入口に数字の書かれたテンキーを設置し、設定された暗証番号を入力して、ドアなどを解錠する装置。専用のテンキーを設置するだけなので、導入や運用コストを抑えることができる
・スマートカード/ICカード式認証装置 ・生体認証装置	・サーバルーム出入口	スマートカードや生体認証により本人認証してドアなどを解錠する装置。カードの発行や配送、本人の生体情報の登録、削除する作業コストが掛かる
・監視カメラ	・サーバルーム出入口 ・施設通路 ・施設出入口 ・施設外周 ・駐車場など	監視カメラを設置して不審な行動を監視する
・警備員 ・警備ロボット	・施設出入口 ・セキュリティ境界	施設における高セキュリティエリアの境界や施設内を警備する
・セキュリティワイヤー	・デスクトップPC ・ノートPC ・外部接続装置	デスクトップPCやノートPC、外部接続装置などを机にワイヤーでつなげて、盗難を防止する
・のぞき見防止フィルム	・ノートPC	ノートPCの画面に取り付ける特殊なフィルターで、公共の場でノートPCを使用するときの機密情報の漏えいを防ぐ

◆ 技術的セキュリティ対策

　技術的セキュリティ対策は、まず情報システムがもともと備えているセキュリティ機能を使ってセキュリティ対策をします。たとえば、個人をIDで識別して、パスワードで認証できた個人のみが情報システムを使用できるようにします。これらのセキュリティ機能だけでは不足している場合は、製品やサービスを導入してセキュリティ対策を追加します。

　次ページの表に技術的セキュリティ対策の例を示します。

01

02

03

セキュリティマネジメント

04

05

06

07

08

●技術的セキュリティ対策の例

対策の種類	具体例	説明
情報漏えい対策	ID管理	組織が保有する情報システムのアカウント（ID）の権限や有効期間・認証情報を管理する
	暗号化	情報や情報が流れるネットワーク経路を暗号化することで、漏えいや改ざんを防止する
	CASB	情報漏えいなどのリスクが高いクラウドサービスへのアクセスを検知・遮断する
	DLP	情報の保管場所や移動、複製の保管場所を制御することで情報漏えいを防ぐ
アクセス制御対策	アクセス管理	情報にアクセスする必要があるユーザーやデバイスにのみアクセス権を与える
	ファイアウォール	ネットワーク経由の不要なサービスやアクセスを遮断するとともにアクセスログを取得する
	NGFW	ファイアウォールに加えて、ネットワークアプリケーション通信の可視化やマルウェア対策ソフトウェア、IDS・IPS、Webサイトの通信制御などの高度な機能を提供する
マルウェア対策	マルウェア対策ソフトウェア	マルウェアを発見・駆除する
	NGAV（Next Generation Anit-Virus)	従来のマルウェア対策ソフトウェアでは発見・駆除できないマルウェアを機械学習などの高度な機能で検知・駆除する
不正通信対策	IDS/IPS	ネットワークに組み込んで不正な通信を検知・防御するネットワーク型IDS/IPSと、ホストに組み込んで通信やプロセス、ログを監視して不審な振る舞いを検知するホスト型IDS/IPSがある。IDSは検知までを行い、IPSは検知と防御を行う。
Webアプリケーションセキュリティ対策	WAF	Webアプリケーションレベルの通信の監視に特化して、不正な通信を検知、・防御する
セキュリティインシデント対策	EDR	マルウェア対策ソフトウェアやNGAVで発見・駆除できなかったマルウェアや不正アクセスなどによる侵害を発見し、活動内容を分析して被害拡大を防ぐ
内部対策	IT資産管理	保有するエンドポイントやサーバー、インストールしているソフトウェアのライセンスを管理し、操作ログを取得する

◆ 人的セキュリティ対策

　情報セキュリティ担当部署は、従業員へ情報セキュリティに関する規程類の周知や教育を行います。従業員は、情報セキュリティの研修などを通して、機密ファイルの暗号化やセキュリティインシデントの報告などの情報セキュリティの基本行動を学習します。

　このような従業員への対策が人的セキュリティ対策です。

　次ページの表に人的セキュリティ対策の例を示します。

◉ 人的セキュリティ対策の例

対策	説明
セキュリティ基礎研修	全従業員が備えるべき基礎的なセキュリティ知識を学習する
セキュリティ意識向上研修	最新の脅威動向を学習する
標的型攻撃メール訓練	フィッシングメールや標的型攻撃メールが送られてきた場合の対応を実際の業務システム上で体験・訓練する

物理的セキュリティ対策や技術的セキュリティ対策では対応できない従業員の思考と行動に関するセキュリティ対策は、人的セキュリティ対策で実現します。

🔷 セキュリティ対策の決定

リスク分析表へセキュリティ対策の記入が終わったら、導入するセキュリティ対策を決定します。予算やスケジュールの制約で、すべてのセキュリティ対策を導入できないかもしれません。セキュリティ対策に優先順位をつけて整理して導入を決定します。

たとえば、下記の考え方で、セキュリティ対策を導入する優先順位を検討します。

- セキュリティ対策による情報セキュリティリスクの削減量が大きいセキュリティ対策を選定する。
- セキュリティ対策による情報セキュリティリスクの削減量と対策コストから、費用対効果の高いセキュリティ対策を選定する。
- 複数のセキュリティ対策同士が干渉する場合は、まずは情報セキュリティリスクの低減/軽減の量が多いセキュリティ対策を選定する。
- 上記を組み合わせ、セキュリティ対策の組み合わせの全体最適解を探す。

適切なセキュリティ対策が決まったら、導入します。

01
02
03
セキュリティマネジメント
04
05
06
07
08

セキュリティ教育

　人間は完璧ではないため、先に説明した技術的セキュリティ対策と比較すると、人的セキュリティ対策には確実性がありません。そこで、従業員が守るべきルールなどの学習や訓練を定期的に行います。

　セキュリティ教育は、対象者によって適切な教育内容を検討し、実施します。

🐚 従業員向け

　従業員に情報セキュリティに関する知識や意識を高めるため、入社時や定期的に情報セキュリティ教育を実施し、情報セキュリティポリシーやルール、リスクや対策などを教育します。

🐚 経営者、経営層、CISO向け

　自らのリーダーシップのもとで対策を進められるよう、情報セキュリティリスクが自社のリスクマネジメントにおける重要課題であることを認識してもらいます。

🐚 情報セキュリティ担当部署、CSIRT、SOC向け

　セキュリティ意識を向上させ、適切なセキュリティプラクティスを実践させるための教育プログラムを実施します。

セキュリティ監査と評価

　情報セキュリティ監査は、情報セキュリティの状況を客観的に評価するための活動です。定期的に情報セキュリティ監査を実施し、情報セキュリティポリシーやルールの遵守状況や、情報システムやデータのセキュリティ状況などをチェックします。

　監査結果に基づいて、情報セキュリティの改善策を立案・実施します。

　定期的な監査や評価を通じてセキュリティ対策の有効性を確認し、必要に応じて改善を行います。

💠 セキュリティ対策の評価と効果測定

　導入したセキュリティ対策は、モニタリングして効果を測定します。測定結果を計算して、セキュリティ対策の効果を確認します。実際のサイバー攻撃の検知データやセキュリティインシデントの情報を使って、効果を算出します。

　サイバー攻撃が発生せず、効果を測定できない場合は、疑似攻撃を行います。

　人的セキュリティ対策では、試験を行って、学習して身に付けている知識を確認します。

💠 セキュリティフレームワークの導入と認証の取得

　組織は内部のセキュリティレベルを維持するために、外部の団体が提供するセキュリティフレームワークを導入します。組織は定期的に監査を行うことで導入しているセキュリティフレームワークが要求するセキュリティ基準を確実に守り、機能していることを確認します。

　フレームワークを導入する組織は、担当者を任命して、組織内の内部監査を行います。また、認証機関が提供する外部監査を定期的に受けて、組織がセキュリティ基準を満たしていることを客観的に保証してもらいます。

　多くの企業が導入しているセキュリティフレームワークは、ISMSとPMS（通称Pマーク）です。セキュリティ対策のフレームワークと情報セキュリティに関する認証制度の例は、CHAPTER 01「情報セキュリティの基礎知識」を参照してください。

CHAPTER
04
セキュア開発

 **本章の概要**

　セキュリティエンジニアは、攻撃者に侵害されにくい、または侵害された場合にすぐに検知して被害を最小限に抑えたり、すぐに復旧できたりする情報システムの開発を推進しなければなりません。

　本書では、システム開発ステップ全体へセキュリティ対策を組み込んで、セキュアな情報システムを開発する手法を「セキュア開発」と定義します。

　本章では、セキュリティエンジニアが知っておくべきセキュア開発の基礎を解説します。

セキュア開発はなぜ必要か

サイバー攻撃によりWebサイトから個人情報が漏えいしたり、攻撃者が社内ネットワークに不正ログインしたり、ランサムウェアに感染したりというニュースを連日のように目にします。そのようなセキュリティインシデントを防ぐためにはセキュア開発が欠かせません。

🔷 セキュア開発のポイント

セキュア開発をはじめる前に、下記の3つのポイントを押さえてください。

◆ セキュア開発の方針

組織のセキュア開発の方針について確認します。たとえば、情報システムの開発においては、情報システムの機密性、完全性、可用性（CIA）が損なわれたときのリスクを正しく認識し、そのリスクに対応したシステムを開発する方針があります。

◆ セキュア開発のルール/ガイドラインの把握

情報システムを構築するときやソフトウェアを開発するときは、品質管理の観点から開発ルールを定めて開発を行います。

開発ルールの中に、情報セキュリティを確保するためのプロセスを組み込んだものが、セキュア開発ルール/セキュア開発ガイドラインです。

プロセスは、要件定義、設計、実装、テストの情報システム開発の各ステップに合わせて組み込まれています。

セキュア開発に関わるセキュリティエンジニアはこれらを理解し、セキュアな情報システムの開発を推進しましょう。

◆ セキュア開発のステップ

セキュア開発のステップを下記に示します。

1 セキュリティ要件定義

2 セキュリティ設計

3 セキュリティ実装(コーディング)

4 セキュリティテスト

5 リリース

次節から、セキュア開発の各ステップを解説します。

セキュリティ要件定義

　情報システム開発の要件定義段階でセキュリティ要件を定義し文書化します。たとえば、ユーザー認証、アクセス制御、データの暗号化などが含まれます。

🔳 セキュリティ要件定義の方法

　要件定義では、システムに必要な機能や要件を定義にします。

　要件定義とともに、下記の順でセキュリティ要件を定義します。

1. 情報資産の特定
2. セキュリティ目標の確立
3. セキュリティ要件分析
4. セキュリティ要件の定義、文書化

　順に詳細を解説します。

🔳 情報資産の特定

　保護すべき情報資産を明確にするために、情報システムが扱うデータやプロセス、システムが連携する他の情報システムを特定します。

🔳 セキュリティ目標の確立

　特定した保護すべき情報資産に対するセキュリティ目標を確立します。これは機密性、完全性、可用性（CIA）などの観点で考えます。

🔳 セキュリティ要件分析

　セキュリティ要件を収集し、分析を行います。

◆ 情報システムのセキュリティに関する要件を収集

　情報システムのセキュリティに関する要件を、セキュリティ要件の基本項目から収集します。また、情報システムの所有組織のセキュリティポリシーやセキュリティ規程の中から収集します。情報システムが、ISMSなどのセキュリティフレームワークの対象範囲に含まれる場合は、セキュリティフレームワークに基づいてセキュリティ要件を収集します。

●セキュリティ要件の基本項目

基本項目	代表的な要件例
ID管理	・ユーザー管理を確実に行い、正当な資格を持ったユーザー以外が登録できないこと
権限管理	・アクセス権限管理を確実に行い、すべてのユーザーに正しい権限が付与できること
アクセス制御	・ネットワークアクセス権を最小化すること ・データベースアクセス権を最小化すること
脆弱性対策	・Webアプリケーションが脆弱でないこと ・システム基盤に脆弱な設定がされていないこと
ログの取得・管理	・セキュリティ監査に必要な情報を記録すること
情報の保護（バックアップ）	・重要な情報のバックアップを行うこと
情報の保護（暗号化）	・インターネットアクセスでの通信を盗聴できないこと
可用性の確保	・稼働率が99.9%以上であること
セキュリティ監視	・通信やログを監視して、サイバー攻撃を検知できること

それ以外にも、遵守すべき法律や業界標準、ユーザー、ステークホルダー、セキュリティ専門家とのコミュニケーションを通じて、セキュリティ要件を収集します。

◆ **セキュリティ要件の整理・分類**

収集した要件を整理、分類します。重要なセキュリティ要件に焦点を当て、必須要件か否かを決定します。

価値が高い情報システムは攻撃者にとって魅力的な攻撃対象となるため、コストが高くなったとしてもセキュリティ要件を厳しくしなければいけません。逆に価値の低い情報システムは過度にセキュリティを強化してコストをかけてはいけません。

対象の情報システムのリスクを踏まえて決定します。

● **セキュリティ要件の定義、文書化**

収集した要件や整理・分類の結果を文書化します。これにより、開発チームや関係者がセキュリティ要件を理解し、実装に反映できるようになります。

セキュリティ設計

セキュリティ要件定義に従って、セキュリティを組み込んだ設計をします。
たとえば、下記のような項目についてセキュリティ設計を実施します。

- アプリケーションセキュリティ
- OSセキュリティ
- ミドルウェアセキュリティ
- ネットワークセキュリティ
- クラウドセキュリティ
- 物理セキュリティ
- セキュリティ運用（平時、有事）

セキュリティ実装（コーディング）

　セキュリティ設計に従って、セキュリティを実装します。セキュリティ実装では下記のようなことを実施します。

- 設計に基づく情報システムにおけるセキュリティ機能の実装
- セキュリティ設計に基づくアプリケーションのセキュアコーディング
- セキュリティ設計に基づくプラットフォームのセキュリティ設定の実施（堅牢化、要塞化）
  - OSセキュリティ
  - ミドルウェアセキュリティ
  - ネットワークセキュリティ
  - クラウドセキュリティ
  - 物理セキュリティ

セキュリティテスト

　セキュリティ実装が終了したら、セキュリティテストを行います。セキュリティテストでは、下記のようなことを実施します。

- セキュリティ機能テストの実施（単体テスト、結合テスト、システムテストなど）
- 機能テストで検出されたバグの是正対応
- 脆弱性診断の実施
- 脆弱性診断で検出された脆弱性に対する、リスクベースの是正対応

🧊 セキュリティ機能に対する各種テストの実施

　セキュリティ機能が正しく実装されているか、セキュリティ機能テスト（単体テスト、結合テスト、システムテスト）を行います。バグが見つかった場合には修正します。

🧊 脆弱性診断の実施

　ネットワーク診断/プラットフォーム診断、Webアプリケーション診断・モバイルアプリケーションセキュリティ診断、クラウドセキュリティ診断などの脆弱性診断や、サイバー攻撃を模倣した高度な診断（ペネトレーションテスト、レッドチームテストなど）を行います。脆弱性診断の詳細は、CHAPTER 05「脆弱性診断」を参照してください。

リリース

　情報システムをリリースする前に、セキュリティ運用（平時、有事）を実施するのに十分な運用体制が確立されているか、確認します。

- 平時の運用手順が確立できているか
  - 構成管理、変更管理
  - セキュリティ製品のアラート、システムログなどを活用したセキュリティ監視、検知
  - 脅威情報収集、自システムへの影響分析
  - CVSSなどに基づく、リスクに応じた脆弱性対応
  - 定期的な脆弱性診断の実施
- 有事の運用手順が確立できているか
  - インシデント対応
- システム運用において人的ミスが発生する可能性のある箇所の洗い出し、是正ができているか
- 有事を想定したセキュリティ運用訓練が実施できているか

　問題がなければリリースします。

セキュア開発における具体例

セキュリティ要件と実装方針と設計の例を紹介します。

● データベースのアクセス権を最少化すること

たとえば、次のようなWebアプリケーションシステムを想定します。

- ある企業の新卒採用のサイトで入社を希望する学生がEメールアドレスを含む個人情報を登録する。
- 組織の人事担当者は登録された個人情報を見ることはあるが、編集・修正することはない。

データベースでは、下記の表のようにアクセス権を設定できます。

●データベースのアクセス権

DBの主機能		概要
C	Create	新規のデータを作成する権限
R	Read	保存されているデータを読み出す権限
U	Update	保存されているデータを更新する権限
D	Delete	保存されているデータを削除する権限

上記の場合は学生用Webシステムが使うアカウントと人事担当者用Webシステムが使うアカウントは別のものにします。

学生用はデータを作成、読み出し、更新する必要があります。したがってデータベースアクセス権「CRUD」のうち「CRU」があればよいことになります。

逆に人事担当者は「R」だけあれば読むことができます。

このように設定すればデータベースへのアクセス権を最小化でき、リスクを低減できます。

●セキュリティ要件「データベースのアクセス権を最少化すること」の例

要件	・データベースのアクセス権を最少化すること
実装方式	・データベースアカウントは学生用Webシステム用と人事担当者向けWebシステム用と別々作成し、それぞれのアクセス権を最少とする
データベース設計	・SQL DBには下記のアカウントを作成し、それぞれのアクセス権を設定すること

アカウント種別	C	R	U	D
学生用Webシステム用	○	○	○	
人事担当者向けWebシステム用		○		

🐟 インターネットアクセス通信の盗聴防止

インターネットに盗聴されないWebサーバーを公開することを想定します。盗聴されないためには暗号化が必要です。最新の「TLS暗号設定ガイドライン」を参照すると推奨される暗号スイートを確認できます。

たとえば、インターネットに公開するWebアプリケーションを開発しているとします。インターネットからの通信がロードバランサー（負荷分散装置）を通じて複数のWebサーバーに接続されている場合で、ロードバランサーからWebサーバーへの通信に暗号化要件がない場合はロードバランサーで暗号通信を復号してWebサーバーには通常の平文通信を行う設計にできます。

●Webサーバーとの通信の例

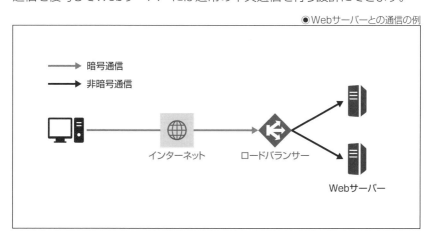

問題はインターネット上を流れる暗号通信の強度です。

執筆時点ではTLS1.3のみにすると暗号強度は上がりますが、利用ユーザーのスマートフォンのOSのバージョンによっては非対応で接続できなくなります。そこでTLS1.2も許容する必要があります。ただし、TLS1.2には危殆化した暗号スイートも含まれるのでそれらの暗号スイートを除外します。またTLS1.1以下は脆弱なので使いません。

以上を考慮するとセキュリティ設計は下記となります。

●セキュリティ要件「インターネットアクセス通信の盗聴防止」の例

要件	・インターネットアクセスでの通信を盗聴されないようにすること
実装方式	・インターネットからロードバランサーまでの通信はTLS1.2またはTLS1.3で行う ・暗号通信はロードバランサーで復号しWebサーバーまでの内部通信には HTTPを利用する ・TLS1.2の暗号スイートは安全なものに限定する
構成	
設計	・ロードバランサーではTLS1.1以下は無効化する ・暗号スイートは以下のもののみ有効にして他は無効化する ・TLS_AES_128_GCM_SHA256 ・TLS_AES_256_GCM_SHA384 ・TLS_ECDHE_RSA_WITH_AES_256_GCM_SHA384 ・TLS_ECDHE_RSA_WITH_AES_128_GCM_SHA256 ・TLS_ECDHE_ECDSA_WITH_AES_256_GCM_SHA384 ・TLS_ECDHE_ECDSA_WITH_AES_128_GCM_SHA256 ・ロードバランサーで復号してHTTPでWebサーバーに振り分ける

● ID・パスワードによる認証方式でのなりすまし防止

なりすまし防止のためには、MFA（多要素認証）やパスワードレスで認証するFIDOを使うのが安全ですが、何らかの事情でそれがなく、サーバーやデータベース内に認証情報を保存しなければならない状況を想定します。

他人のパスワードは特権管理者でも見えないようにしなければいけないのでパスワードには不可逆暗号を利用してハッシュします。CHAPTER 01「情報セキュリティの基礎知識」でも説明しましたが、同じ値をハッシュすると同じハッシュ値になる性質を利用して攻撃者はパスワードとハッシュ値が対比されているレインボーテーブルを作成しパスワードを復号しようとするため、ハッシュするときにSALTを加えたり、ストレッチングしたりする必要があります。

その場合のセキュリティ設計は下記となります。

●セキュリティ要件「ID・パスワードによる認証方式でのなりすまし防止」の例

セキュリティ要件	・ID・パスワードによる認証方式でのなりすまし防止
実装方針	・パスワードは複雑で強固なものが設定されるようにすること ・パスワードはSALTを加えSHA256で1万回ハッシュ（ストレッチング）すること ・5回連続のログイン失敗で5分以上ロックアウトさせること ・一定時間内でログイン試行が多発した場合はSOCで検知できるようにすること
アプリ設計	・パスワードには英大文字・小文字／数字／記号が利用できること ・パスワードが8文字以上であること（最大は64文字） ・パスワードはSALTを加えSHA256で1万回ハッシュ（ストレッチング）すること ・5回連続のログイン失敗で5分以上ロックアウトさせること ・ログイン時にログイン日時／アクセス元IP／ユーザーID／ログインの成功・失敗のアクセスログを出力すること
監視設計	・アプリで出力したアクセスログを収集すること ・下記の条件でアラートが発報されるようにすること 　・同一ユーザーで1時間に50回以上のログイン失敗 　・同一IPで5分に30回以上のログイン失敗 　・IPやユーザーIDに関係なく1分に100回以上のログイン失敗

01
02
03

04

セキュア開発

05
06
07
08

CHAPTER
05
脆弱性対応

>>> **本章の概要**

皆さんは情報システムの「脆弱性」という言葉に耳馴染みがありますでしょうか。

脆弱性とは読んで字のごとく、脆く弱い部分であり、サイバー攻撃の多くは情報システムが持つ脆弱性を悪用してきます。

新しいIT技術の出現とともに、日々新しい脆弱性が発見されるため、迅速かつ適切に脆弱性に対応することが重要です。

本章では、脆弱性対応の仕事を解説します。

SECTION-32
脆弱性対応の概要と脆弱性の基礎知識

　攻撃者は、情報システムへ侵入したり、情報システムから機密情報を盗んだり、情報システムを強制停止したりするときに脆弱性を悪用します。情報システムに脆弱性を残したままにすると、攻撃が成功するチャンスを攻撃者に与えてしまいます。

　情報セキュリティリスクを最小限にするためには、脆弱性への対応が必須です。脆弱性対応は、重要な情報セキュリティリスクの未然防止対策の1つです。

　脆弱性対応の仕事は、脆弱性の診断と対処と管理の3つの作業が基本です。

●脆弱性対応

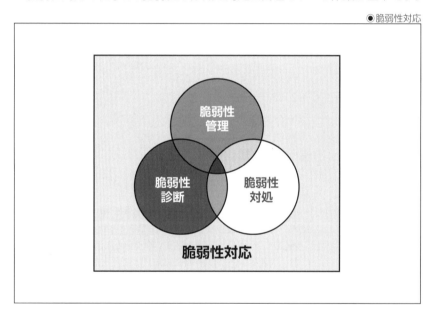

　脆弱性対応の3つの作業を説明する前に、この作業で脆弱性を収集したり、分析したり、対策したりするときに必要になる脆弱性の基礎知識を説明します。

◉ 脆弱性の種類（CWE）

脆弱性には、いろいろな種類があります。代表的な脆弱性の種類の例を下記に示します。

●代表的な脆弱性

脆弱性	説明
バッファオーバーフロー （Buffer Overflow）	攻撃者がコードをプログラムのバッファの領域外に書き込んで実行できる脆弱性
ディレクトリ・トラバーサル	ファイル名を扱うプログラムが不正なパス文字列を処理して、非公開のフォルダのファイルを操作できる脆弱性
SQLインジェクション （SQL Injection）	SQL文に細工した文字列を埋め込んで、データベースを不正に操作できる脆弱性
OSコマンド・インジェクション	外部からOSコマンドを不正に実行できる脆弱性
HTTPヘッダー・インジェクション	HTTPヘッダーに細工した情報を埋め込んで、不正な処理を行う脆弱性
認証の欠如	不適切な認証手法や実装ミスで不正アクセスできる脆弱性
セッション管理の不備	セッションIDの管理が不適切で、他のユーザーのセッションを奪取できる脆弱性
不適切なアクセス制御	不適切なアクセス権を設定した場合、攻撃者が情報システム内の機密情報にアクセスできる脆弱性
セキュリティ設定の不備	セキュリティ設定の不備で侵入や攻撃が成功する脆弱性

情報システムの脆弱性に対応するためには、さまざまな種類の脆弱性を理解しなければなりません。CWE（Common Weakness Enumeration：共通脆弱性タイプ）を使えば、脆弱性の種類を識別できます。CWE List Version 4.12は、933個のWeakness（脆弱性タイプ）を定義しています。

脆弱性タイプは、さらにPillar（ピラー）10個、Class（クラス）107個、Base（ベース）519個、Variant（バリアント）290個、Compound（コンパウンド）7個へ分類します。

●脆弱性タイプの説明

脆弱性タイプの分類	説明
Pillar（ピラー）	これ以上抽象化できない最上位の脆弱性の種類。脆弱性の分類体系の柱。1つのPillarに複数のClass/Base/Variantが関係する
Class（クラス）	複数の脆弱性の種類をまとめた脆弱性名。1つのClassに複数のBaseが関連する
Base（ベース）	特定のハードウェアやソフトウェア、技術に依存しない共通的な脆弱性。1つのBaseに複数のVariantが関連する
Variant（バリアント）	特定のハードウェアやソフトウェア、技術に関係する脆弱性
Compound（コンパウンド）	複数のCWEを組み合わせた脆弱性

たとえば、バッファオーバーフローはCWE-119（Class）、ディレクトリ・トラバーサルはCWE-22（Base）に該当します。ちなみに、NVDは、CWEの132個の脆弱性タイプを使用して、脆弱性を分類して評価しています。

🔹 脆弱性情報の識別（CVE）

さまざまなハードウェア、ソフトウェア、情報システムから、さまざまな脆弱性が見つかります。このままでは、この脆弱性は、どのソフトウェアのどの脆弱性に該当するのか、特定が困難です。

そのため、これらの脆弱性を識別して、脆弱性情報を共有する方法を標準化したCVE（Common Vulnerabilities and Exposures）と呼ぶ仕組みがあります。CVEは、サイバーセキュリティ分野の研究やプロジェクトを行っている米国の非営利組織 MITRE社が1999年に運用を開始しました。

脆弱性には、世界中で統一した識別番号であるCVE ID（Common Vulnerabilities and Exposures ID：共通脆弱性識別子）を割り当てて管理しています。CVE IDを使えば、複数の組織やセキュリティの専門家の間で脆弱性情報を正確に共有できます。

🔹 脆弱性の深刻度評価（CVSS）

ハードウェアやソフトウェアの脆弱性対処の方針は、脆弱性の深刻度に基づいて決定します。対処方針が大きくずれないようにするためには、誰が評価しても、脆弱性の深刻度が一定であることがポイントです。

脆弱性の深刻度を評価する方式として、CVSS（Common Vulnerability Scoring System）と呼ぶ評価方式が最も普及しています。CVSSは、Factorと呼ばれる脆弱性の特徴を表す要素と計算式を使って、脆弱性の深刻度を表現する方法です。CVSSは、バージョン1から最新のバージョン4まで4種類あります。CVSS v4は、脆弱性の深刻度を算出するときに、次の3つの評価基準と補足評価基準を組み合わせて使います。

- 基本評価基準（Base Metrics）
- 脅威評価基準（Threat Metrics）
- 環境評価基準（Environmental Metrics）
- 補足評価基準（Supplemental Metrics）

CVSS v4は、2023年11月に正式公開した最新のバージョンです。

本書では、バージョン4に基づいて解説します。CVSS v4は正式な日本語訳がないため、本書向けに翻訳していますが、正式な日本語翻訳と用語が異なる場合があります。ご了承ください。

◆ 基本評価基準(Base Metrics)

　脆弱性そのものの特性を評価する基準です。情報システムに求められる3つのセキュリティの要素、「機密性(Confidentiality)」「完全性(Integrity)」「可用性(Availability)」に対する影響を、攻撃難易度と影響範囲の2つの基準で評価します。この基準による評価結果は、時間の経過や利用環境の違いの影響を受けません。ソフトウェアやハードウェアの製造元や公的なセキュリティ機関などが、脆弱性の固有の深刻度を評価する基準として使用しています。

　情報セキュリティの記事で見るCVSSの値は、製造元や公的なセキュリティ機関などが基本評価基準を使って算出した深刻度スコアです。正式には「CVSS-B:数値」と記述します。

◆ 脅威評価基準(Threat Metrics)

　攻撃者が脆弱性を悪用してサイバー攻撃する確率を評価する基準です。CVSSの利用者が、現状の脅威情報をもとに、実際のサイバー攻撃の成功の有無、脆弱性攻撃の実証コード(PoC)の有無、攻撃ツールや攻撃手順の公開有無などを評価します。

　使いやすい攻撃コードや攻撃手順が公開済みの場合、スキルのない攻撃者もサイバー攻撃が可能になることが予想できるため、深刻度スコアの数値が高くなります。

　時間経過とともに攻撃コードや攻撃手順の公開状況が変化した場合、脅威評価基準で算出した数値も時間経過とともに変化します。

　基本評価基準と脅威評価基準の2つの要素を使用して算出した場合は、「CVSS-BT:数値」と記述します。

◆ 環境評価基準(Environmental Metrics)

　組織が保有している情報システムの脆弱性の深刻度をより正確に評価できる基準です。機密性、完全性、可用性のうち、特定の情報システムが重視する品質、導入済みのセキュリティ対策の状況、脆弱性の対応状況を評価して、深刻度スコアを算出します。

　環境評価基準の数値も、情報システムのセキュリティ対策状況に応じて変化します。情報システムの管理者は、基本評価基準の深刻度スコアよりも、対象の情報システムの環境評価基準の深刻度スコアを用いて、脆弱性への対応方針を決定することを推奨します。

　基本評価基準と環境評価基準の2つを使って算出した場合は「CVSS-BE:数値」と記述します。基本評価基準と脅威評価基準、環境評価基準の3つの要素を使って算出した場合は「CVSS-BTE:数値」と記述します。

◆ 補足評価基準（Supplemental Metrics）

　CVSS v4から新しく追加した評価基準です。この補足評価基準は、他の3つの評価基準を補足するための情報で、深刻度スコアの算出には使いません。脆弱性管理者は、深刻度スコアに加えて、この製造元やセキュリティ企業などが発信している脆弱性の補足情報を脆弱性対応へ活用できます。脆弱性への対応方針や具体的な対策内容の検討へ役立てることができます。

　CVSSは、脆弱性の深刻度スコアを0（低）～10.0（高）の数値で表します。

　CVSS v4からは、「CVSS-B:9.8」「CVSS-BTE:7.5」のように記述します。一般的に深刻度スコアの数値が高い脆弱性ほど深刻な被害や広範囲の影響が発生するおそれがあります。深刻度スコアが7.0以上で脆弱性を狙ったサイバー攻撃が発生している場合は、短時間で脆弱性を対応しなければならないといわれています。

　CVSSの環境評価基準の深刻度スコアを使って、情報システムへの脆弱性の影響を定量的に評価して、対応方針を決める方法を推奨します。

●深刻度評価（CVSS）対応表

深刻度	スコア
緊急	9.0～10.0
重要	7.0～8.9
警告	4.0～6.9
注意	0.1～3.9
なし	0

　深刻度スコアは、脆弱性の危険性を数値で表現した簡易的な情報です。同じ深刻度スコアでも、攻撃は成功しやすいが被害は小さい脆弱性と、攻撃は成功しにくいが被害は大きい脆弱性は、特性が異なります。脆弱性の特性を考慮してリスクを評価したい場合は、CVSSのFactor（要素）を使って判断します。Factorを使うと、サイバー攻撃の経路や成功の難易度、機密情報の漏えい/情報の正確性の欠落/可用性の低下といった被害の種類と大きさを考慮してリスク評価できます。Factorは、脆弱性のCVSSのベクトル表記から取得できます。

● CVSSのベクトル表記の例

```
CVSS:3.1/AV:N/AC:L/PR:L/UI:N/S:U/C:H/I:H/A:H
```

　このようにCVSSを使えば、脆弱性の深刻度を同一の基準を使って定量的に表現できるため、同時に複数の脆弱性が発生した場合、脆弱性の重大度を比較して、対応の優先順位を検討しやすくなります。

　また、CVSSを知っている人同士は、共通の言葉で脆弱性を議論できます。そのため、CVSSにより、セキュリティ企業やセキュリティ専門家、情報システム管理者、ユーザーなどの間で、脆弱性情報のコミュニケーションを円滑にできます。

01

02

03

04

05
脆弱性対応

06

07

08

脆弱性管理

　情報システムには、脆弱性がない状態が理想です。しかし、実際は、把握していない脆弱性を含んでいたり、暫定対処中の脆弱性が残存していたりします。

　情報システムに脆弱性があると、サイバー攻撃により情報システムが影響を受けて、被害が起きるおそれがあります。ハードウェアやソフトウェアの脆弱性を評価して、その結果に基づいて対処して、セキュリティリスクを適切な状態に維持することが脆弱性管理です。

　脆弱性管理を行う担当者の役割と手順を解説します。

🔷 インベントリ管理

　きちんと脆弱性管理を行うためには、脆弱性管理の前にインベントリ情報の管理ができていることが条件です。インベントリ管理では、まず情報資産のうち、情報システムを構成するすべてのハードウェアやソフトウェアを特定して、バージョン情報、脆弱性情報、パッチ情報、設定情報など、次の例のような情報を収集します。

- 製品名、製品種別、バージョン、仕様
- 製造番号、シリアル番号、ライセンスキー
- サポート期限、保守契約期限
- 設置場所
- 使用目的、業務名
- 内部保有情報の機密性、重要性の情報
- ネットワーク設定情報
- 保守履歴、バージョンアップ/パッチ履歴
- ユーザーアカウント情報
- 稼働履歴

　次に、それらの情報を記入した台帳を作成して一元的に把握できるようにして、そして最新の状態に維持します。大きな組織は、AMDB（Asset Management Database）を使ってインベントリ情報を管理します。

◈ 脆弱性管理ルール

　脆弱性管理者は、組織内の脆弱性リスクを適切に管理するための脆弱性管理ルールを作成して運用します。また、社内の情報システム（開発製造時、運用時）の脆弱性管理ルールを作成して運用します。

　具体的なルールの例を下記に示します。

- 社内の情報システムのインベントリ情報管理ルール
- セキュリティパッチ/脆弱性情報の管理ルール
- セキュリティパッチ/脆弱性情報の収集と社内配信、注意喚起、セキュリティパッチ適用指示の実施などの脆弱性対処ルール
- 社内の情報システムの開発途中や運用開始前、維持運用中の脆弱性診断に関するルール
- 脆弱性情報ハンドリング、脆弱性開示のルール

◈ 脆弱性管理の役割

　情報システムの脆弱性管理と組織全体の脆弱性管理は、役割と実施する作業が違う場合があります。

◆ 情報システムの脆弱性管理

　情報システムの脆弱性管理者は、情報システムを構成するハードウェアやソフトウェアの脆弱性を管理するために次のような作業を行います。

- 脆弱性情報の収集と識別
- 脆弱性の深刻度評価
- インベントリ管理

　情報システムの脆弱性管理者が、脆弱性管理でまず行うことは、脆弱性情報の公開を迅速に知ることです。そのためには、脆弱性情報を能動的に収集したり、脆弱性情報の配信サービスを使ったりします。また、組織全体の脆弱性管理者からリスクの高い脆弱性対処の指示を受ける場合があります。

　次に、前述したインベントリを管理しているデータベースを使って、該当する脆弱性があるハードウェアやソフトウェアを特定します。

　そして、そのハードウェアやソフトウェアでの脆弱性の深刻度を評価します。組織全体の脆弱性管理者から指示を受けた場合は、脆弱性の有無と深刻度を報告します。

　深刻度に応じて、あらかじめ決めておいた手順に沿って脆弱性の対処を行い、その結果をインベントリへ記録して管理します。暫定的な脆弱性対処までしか行えなかったハードウェアやソフトウェアは、セキュリティパッチの適用やバージョンアップによる恒久的な対策が完了するまで、対処を継続します。対処が終わったら、組織全体の脆弱性管理者へ完了を報告します。

◆ 組織全体の脆弱性管理

　組織の情報システム部門や情報セキュリティ部署に所属している脆弱性管理者は、組織全体の脆弱性を管理、対処します。本章で解説する次のような作業を行います。

- 脆弱性情報の収集と識別
- 脆弱性の深刻度評価
- 脆弱性の対処状況の管理
- 脆弱性情報ハンドリング
- インベントリ管理

　組織の脆弱性管理者が主に行うことは、組織内の情報システムの脆弱性の対処状況を管理して、脆弱性のリスクを最小限にすることです。組織の脆弱性管理者は、組織内のすべての情報システムの管理者や脆弱性管理者へ、脆弱性情報を周知して組織内の脆弱性リスクの情報を収集します。組織内の情報システムにリスクの高い脆弱性が存在する場合は、対処を指示して、脆弱性対処が完了するまで状況を監視します。

　もし、脆弱性を悪用したサイバー攻撃で被害が発生した場合は、組織のCSIRTへインシデント対応を依頼します。また外部組織へ脆弱性情報の報告や問い合わせの受付けも行います。

● 脆弱性管理

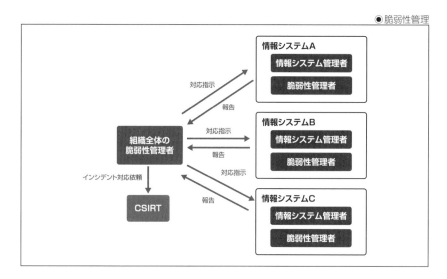

脆弱性情報の収集と識別

　脆弱性管理者は、脆弱性情報の公開を迅速に知るために、脆弱性情報やセキュリティパッチ情報を収集します。ハードウェアやソフトウェアの保守契約があれば、一般的に製造元がユーザーへ脆弱性情報やバージョンアップ、セキュリティパッチの情報を通知します。

　通知を受けていない場合は、製造元の脆弱性情報の提供サイトなどから、定期的に脆弱性情報を収集します。

　脆弱性情報の有料提供サービスを使う方法もあります。能動的に収集する場合は、公的なセキュリティ機関が提供している無料の脆弱性情報データベース（下表参照）を使って、複数のソフトウェアの脆弱性情報を一度に検索して収集する方法を推奨します。

● 公的なセキュリティ機関が提供する脆弱性情報データベース

名称	提供機関	識別番号
NVD（National Vulnerability Database）	米国国立標準技術研究所（NIST: National Institute of Standards and Technology）	CVE番号： 「CVE-」+年号+「-」+5桁の番号
CVE（Common Vulnerabilities and Exposures）	MITRE Corporation	CVE番号： 「CVE-」+年号+「-」+5桁の番号
JVN（Japan Vulnerability Notes）	情報処理推進機構（IPA）、JPCERT/CC	JVN番号： 「JVN#」+8桁のランダムな英数字
CERT/CC Vulnerability Notes Database	カーネギーメロン大学 CERT/CC	VU番号： 「VU#」+6桁のランダムな数字

　世界中で広く使用している脆弱性情報データベースは、NVD（National Vulnerability Database）です。NVDは、脆弱性管理手法CVEのデータベースの識別番号CVE ID（共通脆弱性識別子）を使って脆弱性情報を管理しています。CVEは、米MITRE社が1999年に運用を開始した脆弱性情報の管理手法、および脆弱性情報データベースの名称です。NVDは、組織がより詳しい脆弱性情報を把握してセキュリティ対策できるよう、米国国立標準技術研究所（NIST）が2005年から運用を開始したCVE準拠の脆弱性情報データベースです。NVDが提供する脆弱性情報は、次の通りです。

◆ CVE ID（Common Vulnerabilities and Exposures ID）

　正式な日本語名称は、「共通脆弱性識別子」です。一般的には、CVE識別番号、CVE番号と呼びます。特定の脆弱性を一意に識別するための識別子です。CVE識別番号は「CVE-登録時の西暦-連番」の形式です。

◆ 脆弱性情報の公開日/修正日

　脆弱性の情報を最初に公開した日付や最後に修正した日付です。

◆ 説明（Description）

　脆弱性の概要と影響、対処方法の簡潔な解説です。脆弱性の影響があるハードウェアやソフトウェアの名称とバージョンの情報も含みます。

◆ CNA（CVE Numbering Authority）

　新しい脆弱性にCVE識別番号を割り当てて、関連情報を作成して公開する採番機関（CVE Numbering Authority）の名称を提供します。

◆ 深刻度スコア（Severity）

　脆弱性の深刻度を表した数値です。この数値は、脆弱性の評価方式CVSSの計算式を使って算出した値です。CVSSのバージョン2と3の基本評価基準（Base Score）の数値を提供します。

◆ ベクトル文字列（Vector Strings）

　評価に使用したCVSSバージョンとFactor（要素）を使って脆弱性の特徴を表した情報を提供します。

◆ 関連情報へのリンク

製造元の脆弱性情報の公式ページ、第三者組織のセキュリティ情報提供ページ、セキュリティ企業の記事など、さまざまな脆弱性関連情報へのリンクを提供します。

◆ CWE情報

共通脆弱性タイプの識別子（CWE ID）、脆弱性タイプの名称（CWE Name）を提供します。

◆ CPE情報

脆弱性の影響があるハードウェアやソフトウェアの識別情報をCPE（Common Platform Enumeration：共通プラットフォーム一覧）の名称体系に基づいて提供します。CPEは情報システムを構成するハードウェア、ソフトウェアなどを体系的に識別するための共通の名称基準です。

◆ 変更履歴

脆弱性情報の提供ページの変更履歴の情報を提供します。

🧊 脆弱性の深刻度評価

脆弱性管理者は、脆弱性情報を把握したら、最新のインベントリ情報に基づいて、その脆弱性に関係するハードウェアやソフトウェアを特定します。次に特定したハードウェアやソフトウェアの脆弱性の深刻度を調査して評価します。

🧊 脆弱性の対処状況の管理

組織の脆弱性管理者は、組織内の情報システムの脆弱性の対処状況を管理します。組織の脆弱性管理者は、脆弱性の深刻度評価の結果、組織内から深刻度が高いハードウェアやソフトウェアが見つかった場合、組織内の情報システムの管理者や脆弱性管理者へ、脆弱性情報の周知と特定した深刻度の高いハードウェアやソフトウェアの情報を提供します。

情報システムの管理者や脆弱性管理者は、インベントリ情報だけでなく、情報システムのハードウェアやソフトウェアを調査して、脆弱性の有無やサイバー攻撃の影響予測、対処計画を組織の脆弱性管理者へ報告します。

　組織の脆弱性管理者は、これらの報告内容を脆弱性データベースへ集約して、組織内の脆弱性リスクを把握します。脆弱性対処が遅れている場合や誤っている場合は、組織の脆弱性管理者が情報システムの管理者や脆弱性管理者へ対処を指示します。組織の脆弱性管理者は、深刻度が高いハードウェアやソフトウェアの脆弱性対処の状況を脆弱性対処が完了するまで監視します。

　もし、脆弱性を悪用したサイバー攻撃で被害が発生した場合は、組織のCSIRTへインシデント対応を依頼します。

● 脆弱性情報ハンドリング

　脆弱性の発見者は、非公開の脆弱性を発見した場合、情報処理推進機構（IPA）の届出窓口へ報告します。IPAは脆弱性情報をJPCERTコーディネーションセンター（JPCERT/CC）へ連絡し、JPCERT/CCは関係組織と各種調整を行います。たとえば、製品開発者やWebサイト運営者へ連絡してセキュリティパッチや回避策の作成などを依頼します。また、脆弱性が関係する製品の製造元へ脆弱性情報を開示して、バージョンアップやセキュリティパッチの提供、脆弱性情報の公開のタイミングを調整します。海外のセキュリティ機関とも連携して、全世界で同時に脆弱性情報を公開します。

　このような脆弱性情報の取り扱いと関係組織の連携を脆弱性情報ハンドリングと呼びます。攻撃者の脆弱性情報の悪用や、脆弱性対処で障害が発生するリスクを最小限に抑えるためのプロセスです。

● 脆弱性情報ハンドリング

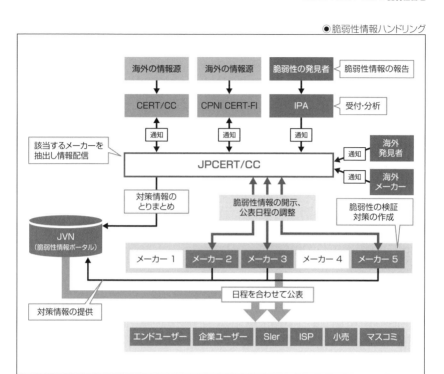

　非公開の脆弱性情報は、サイバー攻撃へ悪用すれば大きな被害になるおそれがあります。脆弱性管理者や脆弱性を発見した人は、脆弱性情報が公開されるまでは、脆弱性情報を関係者以外へ開示しないよう、取り扱いには細心の注意を払います。

　JPCERT/CCや第三者のセキュリティ研究者、エシカルハッカーが、ハードウェアやソフトウェア、Webページの脆弱性を発見して指摘する場合があります。Webページへ脆弱性の連絡窓口を設置したり、自組織の脆弱性対応方針を示した脆弱性開示プログラム（VDP:Vulnerability Disclosure Program）を掲載したりすれば、第三者からの脆弱性の指摘を受け取って、脆弱性対処ができます。

　バグバウンティプログラムの活用も、第三者を利用した脆弱性対策の1つの方法です。

COLUMN
バグバウンティプログラム

　企業や組織が、賞金をかけて、世界中のエシカルハッカーやセキュリティ専門家などに自組織が開発したソフトウェアやハードウェアの脆弱性を発見してもらう方法です。これにより、組織内の脆弱性診断などで発見できなかった脆弱性を特定して修正できます。もし脆弱性が見つかれば、脆弱性の深刻度に応じて報告者に対して報酬を支払います。

　企業や組織は、HackerOne、Bugcrowd、Synack、Open Bug Bountyなどのバグバウンティプラットフォームを活用したり、セキュリティコミュニティと連携したりして、エシカルハッカーやセキュリティ専門家へバグバウンティプログラムへの参加を呼びかけます。

　バグバウンティプラットフォームは、組織とエシカルハッカーやセキュリティ専門家の間をつなぎ、脆弱性の報告や報奨金の支払いを安全に行うための仕組みです。

PSIRT(ピーサート)

　PSIRT(Product Security Incident Response Team)は、自組織で開発、提供している製品やサービスのセキュリティインシデントの対応を専門に行うチームです。PSIRTは、製品やサービスの脆弱性やサイバー攻撃、セキュリティインシデントを発見、対応、管理します。PSIRTは、自組織の製品やサービスのセキュリティの問題を解決して、製品やサービスの安全を確保します。PSIRTは、次の業務を行います。

◆脆弱性の管理

　製品やサービスに関する脆弱性情報を収集、分析、管理します。第三者からの脆弱性情報の報告も受領して管理します。

◆脆弱性情報の調査

　製品やサービスの脆弱性診断や、ユーザーやインターネット上から情報を収集、分析して、脆弱性を発見します。

◆脆弱性の修正

　脆弱性が見つかった場合、該当する製品やサービスの開発者と連携して、脆弱性を分析、評価します。製品の場合は、セキュリティパッチ、脆弱性を修正した最新バージョンを開発して、適切なタイミングで配布します。サービスの場合は、できるだけ迅速に脆弱性を修正してサービスを更新します。

◆セキュリティインシデント対応

　自組織で開発、提供している製品やサービスに関するセキュリティインシデントが発生した場合は、PSIRTが対応します。

◆情報の通知

　脆弱性に関連する情報やセキュリティインシデントに関連する情報を、顧客や利害関係者、公的なセキュリティ機関へ適切なタイミングで通知します。脆弱性情報、セキュリティパッチ、バージョン、脆弱性を狙ったサイバー攻撃の情報などは、脆弱性情報ハンドリングにより公表します。

01
02
03
04

05
脆弱性対応

06
07
08

脆弱性対処

セキュリティパッチの提供や脆弱性を回避する方法がなく、情報システムを長期間停止しなければならない場合は、業務へ大きな影響が発生します。また、事前にセキュリティパッチの十分な動作検証を行っても、セキュリティパッチを適用したら情報システムにトラブルが発生して業務が停止する場合もあります。

必ずしも、すべての脆弱性は、すぐにセキュリティパッチを適用しなければならない、ということはありません。たとえば、リスクが軽微な脆弱性対処で、情報システムを緊急停止してビジネスに大きな損害を出すやり方は、合理的ではありません。また、セキュリティパッチを動作検証せずに適用して、情報システムにトラブルが発生したりする場合も正しい脆弱性対処ではありません。

脆弱性の深刻度だけでなく、脆弱性に関係するハードウェアやソフトウェア、および関係する情報システム全体への影響を総合的に評価して、脆弱性への対処方針を決めます。

脆弱性の対処方針は、2つの対処タイミングと3つの対処方法を組み合わせて戦略的に考えます。

🔲 脆弱性対処の2つのタイミング

脆弱性の対処タイミングは、「緊急対処」と「定期対処」の2つから選択します。脆弱性情報の公開後、すぐに対処を行うことが理想ですが、情報システムの状況はさまざまで、合理的な対処のタイミングは異なります。

一般的に脆弱性の深刻度スコアが高く、情報システムを停止しても業務への影響を許容できる場合は、緊急対処を選択します。逆にサイバー攻撃による被害よりも、脆弱性対処による業務影響のほうが大きい場合は、定期対処を選択します。

◆ 緊急対処

深刻度スコアの高い脆弱性を含むハードウェアやソフトウェアが見つかった場合は、緊急で暫定対処、または本格対処を行うべきです。ただし、緊急で情報システムを停止してセキュリティパッチ適用やバージョンアップを行う場合、24時間/365日稼働する情報システムは大きな影響が発生します。

脆弱性を狙ったサイバー攻撃で発生する被害と、脆弱性対処するために情報システムを停止した場合の影響の大きさを比較して、緊急対処の実施可否を判断します。すでに世の中に脆弱性を悪用したサイバー攻撃が発生して被害が起きている場合は、すぐにサイバー攻撃を受けるおそれがあります。

特にインターネット経由で誰でもサイバー攻撃が成功する脆弱性の場合は、24時間/365日稼働する情報システムであっても、業務影響を許容して、緊急対処するほうが脆弱性のリスクを最小限に抑えることができます。

◆ 定期対処

情報システムの定期メンテナンスなどの計画停止のタイミングで脆弱性を対処します。深刻度の低い脆弱性の場合やサイバー攻撃で被害が発生する確率が低い脆弱性の場合、緊急対処の停止による業務影響のほうが大きい脆弱性の場合は、定期対処を選択します。

脆弱性情報の公開後から定期対処が完了するまでの間は、サイバー攻撃を受けて被害が発生する確率はゼロではありません。後述する脆弱性対処の戦略のように、状況の変化に合わせて柔軟に対処方針を変更します。

脆弱性対処の3つの方法

対処方法は、「暫定対処」と「本格対処」「ゼロデイ対処」の3つがあります。

◆ 暫定対処

脆弱性を本格対処するまでの一時しのぎの対処方法で、ワークアラウンド（Workaround）や回避策と呼びます。まだセキュリティパッチがなく本格対処を行えない場合は、暫定対処を選択します。WAF（Web Application Firewall）やIPSなどのセキュリティ機器で脆弱性を狙ったサイバー攻撃の通信を遮断したり、該当する脆弱性がある機器の設定を変更して脆弱性に関係する機能を停止したりします。

暫定対処は、導入済みのセキュリティ機器の機能や情報システムの設定変更で実施するため、本格対処よりも少ない作業ですぐに実施できる場合があります。ただし、暫定対処は、脆弱性を狙ったサイバー攻撃を完全に防止できない場合やハードウェアやソフトウェアの機能が一部使えなくなる場合があります。

サイバー攻撃を受けて被害が発生するより、ソフトウェアの機能の一部が使えないほうが少ない影響で済むと判断する場合は、暫定対処を選びます。暫定対処は、脆弱性情報の公開後、できるだけ早く実施します。

◆ 本格対処

バージョンアップやセキュリティパッチの適用などで、脆弱性を完全に修正する恒久的な対策です。ハードウェアやソフトウェアの製造元は、事前に脆弱性情報を入手して、脆弱性を修正した最新バージョンやセキュリティパッチを開発します。最新バージョンやセキュリティパッチは、ハードウェアやソフトウェアへ適用して動作テストを行ってから、脆弱性情報と一緒に公開します。そのため、脆弱性情報と脆弱性を修正した最新バージョンやセキュリティパッチは、同時に公開される場合があります。

最新バージョンへのバージョンアップやセキュリティパッチは、情報システムの機能や性能に影響する場合があるため、情報システム管理者は、検証用の情報システムへ適用して、脆弱性を修正した後の情報システムの正常動作を事前にテストします。その後、本番用の情報システムの脆弱性を修正します。重要な情報システムは、この正常動作の事前テストに時間がかかります。脆弱性がライブラリやソースコードにある場合は、ソフトウェアの改修が必要になり、さらに対処にコストと時間がかかります。

ソフトウェアを改修する場合は、新しい別の脆弱性を作り込まないようにしましょう。

◆ ゼロデイ対処

脆弱性情報を公開したときに、バージョンアップやセキュリティパッチなどの確実な修正方法がない脆弱性や、脆弱性情報自体が未公開の脆弱性を、ゼロデイ脆弱性と呼びます。ゼロデイ脆弱性は、脆弱性を修正する方法がないため、最も確実な対処方法は、ゼロデイ脆弱性を含むハードウェアやソフトウェアを停止することです。

ハードウェアやソフトウェアを停止できない場合で、回避策がある場合は、暫定対処を行います。たとえば、ファイアウォールやWAFなどで通信を制限して、通信を使ったサイバー攻撃が脆弱性へ届かないようにする対処方法を行います。WAFで脆弱性を狙ったサイバー攻撃を防止できない場合は、IPS/IDSを用いた検知で対処します。

　または、ゼロデイ脆弱性を含むハードウェアやソフトウェアへの通信、ログやプロセス情報から動作状況を監視して、サイバー攻撃を検知したら、すぐにハードウェアやソフトウェアを停止する方法でも、影響を小さくできます。

● 脆弱性対処の戦略

　以上の2つの対処タイミングと3つの対処方法を組み合わせた脆弱性対処の戦略を下図に示します。

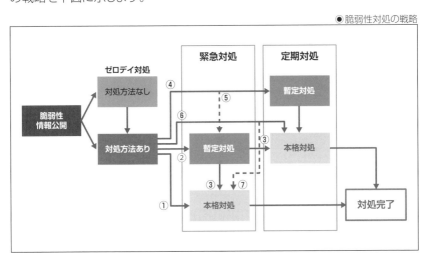

● 脆弱性対処の戦略

　まず、セキュリティパッチなどが提供済みで、脆弱性がある機器、ソフトウェアを停止可能な場合は、すぐに本格対処を行いましょう（①）。すぐできるセキュリティ対策が回避策のみの場合は、まず暫定対処を行い（②）、セキュリティパッチの提供後に本格対処（③）を行います。

　緊急対処が行えず、定期対処まで暫定対処を保留する場合（④）は、その間はサイバー攻撃を受けるリスクが残存します。もし定期対処までに、当該脆弱性を狙ったサイバー攻撃が成功して被害が発生したり、脆弱性攻撃の実証コード（PoC）や攻撃ツール、攻撃手順を公開したりした場合は、リスクが増加します。その場合は深刻度スコアを再評価して、サイバー攻撃を受ける確率が高い、またはサイバー攻撃を受けた場合の影響のほうが脆弱性対応の影響より大きいと判断した場合は、定期対処から緊急対処へ切り替えて暫定対処を行います（⑤）。同様に定期対処まで本格対処を保留している場合（⑥）も、リスクが増加した場合は緊急対処へ切り替えます（⑦）。

　常に、サイバー攻撃を受けた場合と脆弱性対処で情報システムを停止した場合の業務影響を比較して、影響が小さい場合を選択しましょう。

　このように、脆弱性のリスクと情報システムの状況に応じて、脆弱性対処の優先度を判断して、脆弱性の対処計画を立てます。脆弱性対処のポリシーやサービスレベル目標をあらかじめ決めておくと、脆弱性対処の計画が立てやすくなります。

　たとえば、下表のような脆弱性の修正の期限を設定しておけば、その期限に合わせて、セキュリティパッチの動作検証やソフトウェアの改修の計画が立てやすくなります。

●深刻度、深刻度スコアと対処期限の例

No.	深刻度	深刻度スコア	暫定対処期限	本格対処期限
1	緊急+攻撃発生	9.0～10.0	4日以内	7日以内
2	緊急	9.0～10.0	10日以内	15日以内
3	重要+攻撃発生	7.0～8.9	10日以内	15日以内
4	重要	7.0～8.9	30日以内	30日以内
5	警告	4.0～6.9	90日以内	90日以内
6	注意	0.1～3.9	180日以内	180日以内

🔹 脆弱性対処の落とし穴

　ゼロデイ脆弱性ではない場合でも、脆弱性情報の公開後から暫定対処、または本格対処が完了するまでは、無防備な期間です。上記の表の期限より、暫定対処が終わるまでの無防備な期間は4日以内～180日、本格対処が終わるまでの無防備な期間は、7日以内～180日です。

　対処完了前に脆弱性を狙ったサイバー攻撃が発生している場合は、この無防備な期間に脆弱性を狙ったサイバー攻撃を受けて被害が発生するおそれがあります。

　無防備な期間は、サイバー攻撃の監視を強化します。ゼロデイ脆弱性があるハードウェアやソフトウェアへの通信、ログやプロセス情報を使って動作状況を監視します。24時間365日監視しなければならない場合は、SOCへ監視を依頼します。サイバー攻撃を検知したら、すぐにハードウェアやソフトウェアを停止します。リスクはゼロにはなりませんが、サイバー攻撃の影響を最小限に抑えることができます。

　情報システムの脆弱性管理者は、自組織の情報システムで脆弱性の暫定対処や本格対処が完了してサイバー攻撃を防止できるようになれば、もうサイバー攻撃の被害は発生しないと思うでしょう。

　しかし、無防備な期間に攻撃者が情報システムの侵入に成功してバックドアを設置していれば、暫定対処や本格対処後も攻撃者は情報システムへ不正ログインしてサイバー攻撃を継続できます。最近は、無防備な期間に攻撃者が侵害に成功していることが多く、セキュリティパッチを適用しただけでは安心できません。

　もし脆弱性対処前に、どこかで脆弱性を狙ったサイバー攻撃が発生している場合は、自組織の情報システムの脆弱性対処完了後に、必ずサイバー攻撃の痕跡の有無を調査してください。

脆弱性診断

　組織内の情報システムの脆弱性を発見する方法は、外部から脆弱性情報を入手して見つける受動的な方法と、脆弱性診断を行う能動的な方法の2つがあります。脆弱性診断は、手作業やツールで組織内の情報システムを調査して、不正な操作や侵入ができるような欠陥、情報漏えいのおそれ、情報システムの改ざんや停止のリスクを見つける作業です。脆弱性診断では、ネットワーク、OS、ミドルウェアやWebアプリケーションなど、さまざまな情報システムの脆弱性を調査できます。組織内の情報システムは、定期的に脆弱性診断を行って、把握漏れや対応漏れの脆弱性を把握して解決します。

　脆弱性診断には、診断対象の脆弱性を網羅的に探す一般的な脆弱性診断と、サイバー攻撃を模倣することで脆弱性や問題点を発見したりセキュリティ対策状況を総合的に評価したりする高度な診断の2種類があります。

🔰 一般的な脆弱性診断

　一般的な脆弱性診断は、セキュリティテスト（Security Testing）や脆弱性アセスメント（Vulnerability Assessment）とも呼びます。脆弱性とセキュリティ機能の不足を網羅的に調査することが目的です。ガイドラインなどに従って定型的な手法で調査を行います。調査の結果、発見した脆弱性やセキュリティ機能の不足は、リスクの高いものから低いものまですべて一覧化して報告します。

　一般的な脆弱性診断は、下記の例のようにさまざまな種類があります。

- ネットワーク診断/プラットフォーム診断
- ワイヤレスネットワーク診断
- Webアプリケーション診断
- データベース診断
- アプリケーション診断
- モバイルアプリケーションセキュリティ診断
- IoTデバイスセキュリティ診断
- クラウドセキュリティ診断
- 物理的セキュリティ診断
- ソーシャルエンジニアリング診断

◆ ネットワーク診断/プラットフォーム診断

　情報システムのネットワーク全体や、情報システムを構成するコンピュータ、ネットワーク機器など、基盤部分の脆弱性やセキュリティ対策の弱点を調査します。ネットワークスキャナーやパケットキャプチャなどのツールを使って、ネットワーク上のIPアドレスとポートをスキャンしたり、通信パケットを取得したりして、ネットワーク上から情報を収集します。また、ネットワーク管理者から設定情報を収集します。

　ネットワーク上のネットワーク機器、コンピュータ、コンピュータ上のネットワークサービスを特定したら、脆弱性スキャナーを使って、それらの脆弱性を調査します。ファイアウォールなどのネットワーク機器やコンピュータ上で動作しているネットワークサービスの、バージョンやセキュリティ設定もチェックします。

　プラットフォーム診断の場合は、オペレーティングシステム（OS）、データベースなどのミドルウェア、Active DirectoryやWebサーバー、Webアプリケーションサーバー、ログサーバーなど、情報システムを構成する主要な構成要素を調査します。

◆ ワイヤレスネットワーク診断

　ワイヤレススキャナーを使ったり、管理者から設定情報を取得したりして、無線LAN（Wi-Fi）装置の脆弱性や設計、設定のセキュリティ対策の弱点を調査します。無線LAN装置のファームウェアのバージョン、アクセス制御やSSID（Service Set Identifier）、認証方式、暗号化方式をチェックします。攻撃者が無線LANをサイバー攻撃する場合だけではなく、無線LANの利用者が攻撃者の用意した悪意のある別の無線LANへ接続する場合の調査も行います。

◆ Webアプリケーション診断

　Webサーバー上に実装したWebアプリケーションの脆弱性を調査します。クロスサイトスクリプティング（XSS）、SQLインジェクション、認証のバイパス、セッションハイジャック（セッション管理の不備）などの脆弱性の有無を調査します。

　Webアプリケーションスキャナーは、Webページを巡回して、入力フォームへ自動的に値を入力して脆弱性を調査します。

01
02
03
04
05
脆弱性対応
06
07
08

　Webアプリケーションスキャナーの自動機能では、複雑な脆弱性やビジネスロジックの問題を見落とすおそれがあります。その場合は、Webアプリケーション診断の専門の脆弱性診断者が手動で調査します。

◆ データベース診断

　データベース管理システム（DBMS）のバージョン、アクセス制御、アカウントのアクセス権限設計、データベースの通信の暗号化、蓄積データの暗号化、監査ログの設定、バックアップ設定などをチェックします。

　SQLインジェクションなどのSQLコマンドの脆弱性を調査する場合は、データベースのみを診断するよりも、WebサーバーやWebアプリケーションサーバーも含めたフロントシステム、データベースと接続するアプリケーションも一緒に診断することを推奨します。

◆ アプリケーション診断

　さまざまなアプリケーションの設計、実装、設定の脆弱性を包括的に調査します。アプリケーションには、デスクトップアプリケーションやモバイルアプリケーション、クライアント/サーバーアプリケーション、Webアプリケーションなど、さまざまな種類が存在します。そのためアプリケーション診断は、さまざまな脆弱性の調査手法を使います。

　調査手法の1つであるセキュリティテストは、ブラックボックステストとホワイトボックステストの大きく2つに分かれます。ブラックボックステストは、ファジング、動的アプリケーションセキュリティテスト（DAST）です。ホワイトボックステストは、目視によるコードや設定のレビューと、ツールを使ったソースコード診断に分かれます。ツールを使ったソースコード診断には、静的アプリケーションセキュリティテスト（SAST）、インタラクティブアプリケーションセキュリティテスト（IAST）があります。

　ハイブリッドアプリケーションセキュリティテスト（HAST）は、SAST、DAST、IASTなどの複数のセキュリティテストを組み合わせた方法です。

◆ モバイルアプリケーションセキュリティ診断

　AndroidおよびiOSの脆弱性、root化やjailbreakする方法の有無、アプリケーションのデータ管理や権限管理など、モバイルアプリケーション/スマートフォンに特化した脆弱性を調査します。

◆ IoTデバイスセキュリティ診断

　組み込み機器のファームウェアや独自仕様の通信プロトコルを解析して脆弱性を調査します。そのため、デバッグ用インタフェースへ接続して調査したり、ファームウェアを逆アセンブルしたり、物理的に分解してハードウェアを解析したりします。

◆ クラウドセキュリティ診断

　IaaS、PaaS、SaaSのクラウドサービスのIAMユーザーアカウントとアクセス権の設計、通信制御や暗号化の設定、クラウドサービスが提供しているさまざまなオプション機能の設定などを調査します。

　Cloud Security Posture Management(CSPM)やSaaS Security Posture Management(SSPM)と呼ばれる診断ツールは、主要なクラウドサービスを診断できます。

◆ 物理的セキュリティ診断

　攻撃者や内部犯行者の物理的な侵入や攻撃を想定して、物理的な侵入対策、盗難対策、監視対策の状況を診断します。具体的には、フラッパーゲートや認証装置付きのドア、窓などの侵入対策、鍵付きキャビネットや金庫からの機密書類の持ち出し対策、ハードウェアの盗難対策、ネットワーク機器や重要なサーバーへの接触対策、監視カメラの写り具合などを調査します。

◆ ソーシャルエンジニアリング診断

　詐欺的手法を使って、ソーシャルエンジニアリング攻撃に対する社員の普段の行動やセキュリティ意識、組織のセキュリティ対策状況を診断します。たとえば、社員へフィッシングメールや正規のビジネスに見せかけた詐欺メール（ビジネスメール詐欺：Business Email Compromise）を送ったり、フィッシングサイトへ誘導したりして、社員の判断や行動をテストします。システム管理者や関係者になりすまして、社員へ電話してパスワードを聞き出したりします。

　他には、来訪者になりすまして建物へ侵入してWi-Fi接続を試行したり、会話を盗聴したり、マシンの画面を盗み見たりして、機密情報の奪取可否も調査します。マルウェアが入ったCDやUSBメモリを郵送するなど、実際にソーシャルエンジニアリング攻撃の手法を再現して診断します。

🔖 サイバー攻撃を模倣した高度な診断

ツールや脆弱性、ソーシャルエンジニアリングなどを駆使してサイバー攻撃を模倣し、一定期間内でサイバー攻撃の成功可否を調査します。情報システムの脆弱性や維持運用体制も含めた情報システム全体から、いくつか弱点を選択してサイバー攻撃を試行します。攻撃シナリオに合わせてマルウェア的なプログラムを作成して攻撃したり、ソーシャルエンジニアリングの手法を使って従業員を狙ったりすることもあります。

また、すでに内部ネットワーク上のコンピュータがマルウェアに感染して侵入できている前提で、テストを開始することもあります。内部ネットワーク上の複数のコンピュータをサイバー攻撃して乗っ取っていき、情報システムの管理者やActive Directoryのドメイン管理者になりすまします。

攻撃者の目線で、攻撃しやすい経路を選択するため、網羅的な調査を行いません。サイバー攻撃成功までの侵入経路や攻撃手順を報告します。

下記に診断方法の例を示します。

◆ ペネトレーションテスト(Penetration Testing)

ペネトレーションテストは、ツールや脆弱性、ソーシャルエンジニアリングなどを駆使して情報システムやネットワークを攻撃して、不正侵入、機密情報の窃取、情報システムの強制停止など、サイバー攻撃の成功可否を調査します。診断する目的や範囲は、限定的です。たとえば、情報システムやネットワークのうち、インターネットからアクセス可能なWebページだけに焦点を当てて調査して、サイバー攻撃が成功する情報システム上のセキュリティ対策の問題点を特定します。

◆ BAS(Breach and Attack Simulation)

BASは、セキュリティ技術者が手動で行っていたペネトレーションテストをツールで自動実行する診断方法です。情報システムやネットワークの把握、通信の分析、MITRE ATT&CKなどの攻撃シナリオを使った疑似攻撃を行い、診断結果をまとめたレポートを作成します。新しい攻撃シナリオも追加でき、定期的、継続的な診断ができます。

◆ レッドチームテスト

　セキュリティ技術者を集めた攻撃者チーム（レッドチーム）は、ソーシャルエンジニアリング攻撃、フィッシング攻撃、脆弱性スキャン、侵入テストなど、さまざまな手法で疑似的なサイバー攻撃を行います。よって、情報システム上のセキュリティ対策の問題点だけでなく、サイバー攻撃の検知対応、インシデント対応、社員のセキュリティ教育状況など、情報システムや組織の総合的なセキュリティ対応能力を調査します。

　このとき、レッドチームの攻撃を検知するSOCやインシデント対応するCSIRTをブルーチームと呼びます。

◆ TLPT（Threat-Led Penetration Test）

　TLPTとレッドチームテストは、どちらも情報システムや組織の総合的なセキュリティ対応能力を調査して評価します。大きな違いはありません。TLPTは、攻撃シナリオの流れとその攻撃に対する対応を詳細に記録して評価します。TLPTは、レッドチームとブルーチームに加えて、ホワイトチームが参加します。ホワイトチームが、攻撃シナリオの進行をコントロールして、レッドチームの攻撃とブルーチームの対応を記録して評価します。その結果、TLPTは、レッドチームテストよりも客観的な視点からブルーチームの対応プロセスの問題点を見直すことができます。

脆弱性診断の事前準備

　脆弱性診断の進め方を解説します。自組織の情報システムを脆弱性診断する場合も、ビジネスでお客様の情報システムを脆弱性診断する場合も、同じ進め方です。脆弱性診断は事前準備が重要です。

　まず本節では事前準備を解説します。次節では実施や分析を解説します。

● 診断対象と診断目的の決定

　診断対象や範囲、診断目的を決定します。診断の目的は、脆弱性調査、侵入調査、サイバー攻撃に対する総合的なセキュリティ対策の調査など、セキュリティ要件をもとに決定します。診断範囲は、マシン1台や情報システムの一部、情報システム全体、組織全体など、診断の目的に合わせて決定します。診断対象は、診断範囲に含まれているハードウェア、ソフトウェア、アプリケーション、ネットワークです。

● 診断対象の情報収集

　診断対象の情報システムやハードウェア、ソフトウェア、維持運用の情報を収集します。IPアドレス、システム構成、バージョン情報、設定情報、アクセス権設定などのインベントリ情報だけでなく、情報システムの利用開始/終了時刻、高負荷の時間帯、監視や維持運用の体制などのシステム管理の情報も、情報システムの管理者などから収集します。

　収集した情報から、ネットワーク図やシステム構成図などを作成して、診断対象の詳細を把握します。収集した情報から、攻撃者の視点で診断対象を理解します。

● 診断種別と診断方法の検討

　まず、診断対象と診断目的、診断対象の環境に合った診断種別や診断方法を選びます。

◆ 診断種別の選択

　診断種別は次ページの表の分類例を参考に選択します。

●脆弱性診断の分類例

一般的な脆弱性診断	
1	ネットワーク診断/プラットフォーム診断
2	ワイヤレスネットワーク診断
3	Webアプリケーション診断
4	データベース診断
5	アプリケーション診断
6	モバイルアプリケーションセキュリティ診断
7	IoTデバイスセキュリティ診断
8	クラウドセキュリティ診断
9	物理的セキュリティ診断
10	ソーシャルエンジニアリング診断
サイバー攻撃を模倣した診断	
A	ペネトレーションテスト（Penetration Testing）
B	BAS（Breach and Attack Simulation）
C	レッドチームテスト
D	TLPT（Threat-Led Penetration Test）

◆ 診断のアプローチ箇所の選択

次に、診断方法を検討します。まず診断のアプローチ箇所をリモート診断/外部診断とオンサイト診断/内部診断から選択します。

●リモート診断/外部診断

インターネット経由など、情報システムの外部ネットワーク経由でアクセス可能な部分を診断します。プラットフォーム診断やペネトレーションテストで選択することがあります。

●オンサイト診断/内部診断

情報システムの内部ネットワークやサーバーへ接続して診断します。ペネトレーションテストやデータベース診断で選択します。

◆ 診断の操作方法

そして、診断の操作方法を手動診断と自動診断（ツール診断）から選択します。ツール診断と手動診断を組み合わせる場合もあります。

●手動診断

脆弱性診断の担当者が各種ツールと手動を組み合わせて診断する方法です。脆弱性診断の担当者が、診断対象の状態に応じて、コマンドやツールを組み合わせて診断します。複雑な情報システムや特別な処理パターンを診断できますが、診断に時間がかかり、コストも高くなります。

● 自動診断（ツール診断）

　自動診断ツールを使って機械的に診断します。短時間で広範囲を診断できますが、脆弱性の誤検知を含む場合があります。複雑な情報システムや特別な処理を診断できない場合もあります。

◆ 診断ツールの種類

　また、診断ツールは、ソフトウェア型（オンプレミス）とクラウド型の2種類があります。

● ソフトウェア型（オンプレミス）の診断ツール

　マシンに診断ツールをインストールして使用します。インターネット接続できないオフラインの情報システムも診断できます。診断ツールの維持管理が必要で、同時に診断できる対象数は、マシンの台数や性能、ネットワークの帯域に依存します。

● クラウド型の診断ツール

　インターネット経由で診断を行うクラウド型のサービスです。診断ツールをインストールしたり、最新の診断データを登録したりする維持管理作業が不要で、手軽に利用できます。インターネット経由で診断対象へアクセスできなければならないため、インターネット接続できない情報システムは、診断できません。

🔷 診断体制とリソースの確保

　自組織で診断する場合は、あらかじめ脆弱性診断チームの各メンバーの役割と責任を決めておき、メンバーを選定してチームを編成します。診断対象の数や規模、診断内容、診断期間によって、メンバー数やメンバー構成を決定します。診断に必要なツール、マシン、機材を確保します。

　オンサイト診断の場合は、機材を用意して梱包、運搬を行います。お客様へ脆弱性診断サービスを提供する場合も同様です。

　外部のセキュリティ企業へ診断作業を委託する場合は、診断体制も委託先と相談して決定します。

◎ 診断計画の作成

　診断の対象、目的、方法、体制が決定したら、それらに合った診断計画を作成します。診断にかかる時間は、診断対象の数と診断の種類、ネットワーク構成や帯域、診断ツールを実行するマシンの台数や性能などに依存します。クラウドサービスへの脆弱性診断やペネトレーションテストは、事前申請が必要な場合があります。申請不要の場合でも、クラウドサービスが脆弱性診断やペネトレーションテストをサイバー攻撃と誤検知して、診断に必要な通信を制限する場合があります。クラウドサービスを診断する場合は、事前に診断できる条件を調べておきましょう。

　診断時間には、トラブルが発生した場合の対応時間も含めます。また本番システムを診断する場合は、業務影響を避けて診断を計画します。そのため、業務を行っていない夜間や定期メンテナンスの期間に実施します。診断時間が予定より長引いて、業務へ影響しないよう、余裕を持った時間を計画します。

　診断の準備から診断作業、診断後の報告書作成、報告会までの全体スケジュールを作成したら、診断作業時の手順も組んでおくことを推奨します。

　オンサイト診断では、診断対象の情報システムの現場担当者と、診断ツールのIPアドレスやネットワーク接続などを事前に調整して、手順にまとめておきます。Webアプリケーション診断の場合は、詳細な画面遷移図を作成したりします。

◎ 工数と費用の見積もり

　診断体制と計画をもとに、診断にかかる時間や工数から費用を見積もります。クラウド型の診断ツールの場合は、ほとんど自動で診断するため、メンバーの人件費は少なく、診断ツールの費用とクラウドと回線の利用料が中心です。

　オンサイト診断の場合は、メンバーの人件費、診断ツールのライセンス料、機材の使用料、通信費、交通費など、さまざまな費用を発生します。

　自組織の情報システムを定期的に脆弱性診断する場合は、年間の診断費用も見積もって、あらかじめ予算を確保しておくことが必要です。

01

02

03

04

05
脆弱性対応

06

07

08

脆弱性診断の実施と分析

事前準備が終わったら、脆弱性診断を実施し、その結果を分析します。

🔲 脆弱性診断の実施

診断ツールや機材の準備が完了したら、ネットワークの疎通確認後に、手動でテスト診断を行います。テスト診断に問題なければ、診断を開始します。

診断種別にもよりますが、最初にネットワークスキャン、ポートスキャンで診断対象の情報システムの環境情報を収集して、マシンやネットワークを特定します。次に特定したマシンのサーバーサービスに対して、Webアプリケーション診断やデータベース診断を行っていきます。診断時刻、ネットワークやマシンの状態やエラーメッセージ、診断結果を記録します。

自動スキャンする診断ツールは、情報収集から診断までを自動で行います。エラーが発生した場合は、脆弱性診断の担当者が手動で調整しながら診断を進めます。定期的にスケジュールの進捗状況や診断の影響を確認します。

もし、本番システムの運用と並行した診断中に、本番システムに大きな影響が発生した場合は、診断を中断します。

診断が終了したら、診断結果の保存、各種記録やログを収集します。結果や記録、ログのデータが保存できていることを確認します。

ペネトレーションテストやレッドチームテスト、TLPTは、脆弱性診断よりも手順が複雑です。かつ、セキュリティ対策やブルーチームの対応に合わせて、臨機応変に手順を変更して進めます。

🔲 脆弱性診断結果の分析

まず、収集したデータを整理します。診断結果やログを、マシンごとや時系列に並べるなどして整理します。ログを分析する場合は、マシンごとの時刻のずれやタイムゾーンの違いに注意して分析します。

次に診断結果を正確に把握します。診断ツールの診断結果には、脆弱性の誤検知を含む場合があります。診断結果の分析では、検知した脆弱性の情報を詳細に分析して、誤検知（False Positive：偽陽性）を判別して取り除きます。

　たとえば、バージョン情報から間接的に脆弱性を発見する手法は、バージョンが最新ではない場合に、修正済みの脆弱性を誤検知することがあります。一方で、不正なコマンドを実行して成功した場合は、その原因の脆弱性が存在します。検知した脆弱性の情報を1つずつ分析して、該当するCVE番号やCWE番号、具体的な脆弱性の内容を特定します。検知した脆弱性の情報が、脆弱性情報データベースで公開済みの脆弱性の特徴や内容と一致しない場合は、誤検知です。

　誤検知した脆弱性を取り除いて、残った脆弱性については、脆弱性の原因、深刻度、影響の大きさ、セキュリティパッチや回避策など、脆弱性対処に必要な情報を集めます。脆弱性の原因は、ソフトウェアのバグ/欠陥、設定ミス、セキュリティポリシーの違反など、さまざまです。

　最後に、脆弱性対処の優先度順位をつけ、セキュリティパッチの適用や設定変更、監視の追加などといった対処方針を立てていきます。

　ペネトレーションテストやレッドチームテスト、TLPTは、上記の内容に加えて、疑似攻撃や取得した情報を時系列情報（Timeline）にまとめます。

　時系列情報を使って、対応状況や問題点を分析、評価します。

🔹 脆弱性診断結果のレポート作成と報告

　脆弱性を分析した結果をレポートへ記載します。

　脆弱性診断レポートには、まず、脆弱性の事前準備で決定した診断対象、診断目的、診断方法、診断体制、診断に使用したツールの概要、診断計画を記載します。

　次に、ソフトウェアや機器ごとに検知した脆弱性を記載します。脆弱性の対処案は、優先順位を考慮して記載します。

　次ページの表に脆弱性診断レポートの目次例を示します。

●脆弱性診断レポートの日次例

項目	内容
表紙	タイトル、脆弱性診断の実施日付、発行者の情報を記載する
目次	脆弱性診断レポートの章立てを記載する
概要	脆弱性診断結果の要約を記載する。主要な脆弱性と対応策の概要説明を記載することが多い
目的	この脆弱性診断がどんな目的で行われたのかを記載する
診断対象（スコープ）	診断対象の情報システムやアプリケーションの診断範囲、制約事項などを記載する
診断方法	選択した診断手法や使用した診断ツールの説明を記載する
診断結果	検知した脆弱性の詳細説明。検出日、CVE番号、関係するソフトウェアや機器、脆弱性の特徴やリスクの説明、深刻度、対処案、脆弱性の修正完了の推奨期限などを記載する
対処案詳細	脆弱性の暫定対処や本格対処の具体的な提案を記載する。たとえば、脆弱性対処の優先順位や修正スケジュール案
推奨事項	脆弱性の修正後の再テストや定期的な脆弱性診断、セキュリティパッチの適用方法などの推奨事項を記載する
参考文献	使用した診断ツールの詳細情報や脆弱性の関連情報、セキュリティガイドライン、その他の文献などの参考情報を記載する
付録	レポートの補足情報、スクリーンショットやログなどの診断証跡を記載する

　診断結果は、レポートとして提出するだけでなく、報告会の開催を推奨します。情報システムや組織の責任者や管理者へ、問題箇所やリスクの情報を共有して、理解を促すことができます。また、質疑応答により、業務への影響を考慮したよりよい対処案を導き出すことが可能です。

🔲 脆弱性の修正

　自組織の情報システムを脆弱性診断した場合は、診断結果をもとに脆弱性の修正計画を作成して、目標の期限内に修正を完了します。

　もし、深刻な脆弱性やリスクの高い脆弱性であるにもかかわらず、業務影響があるためすぐに修正できない場合は、SOCへ監視を依頼します。

　脆弱性の修正が完了したら、再度、脆弱性診断を行い、脆弱性が修正できたことを確認します。

CHAPTER
06

セキュリティオペレーション

>>> **本章の概要**

　サイバー攻撃を始めとしたインシデントは可能な限り早く検知し、必要な対応をする必要があります。そのために組織は、セキュリティ機器を導入して対策をしています。しかし、製品は導入しただけではなく、運用をすることで真価を発揮します。

　そこで重要となってくるのが、セキュリティ監視（セキュリティオペレーション）です。

　本章では、「SOC」と呼ばれるセキュリティオペレーションを担うチームの仕事を解説します。

SECTION-38
セキュリティオペレーション/SOC とは

　組織は、サイバー攻撃から自組織を守るためにネットワークや情報システム、マシンへセキュリティ機器を導入して、維持、監視します。

　Security Operation Center(以下、「SOC(ソック)」という)は、これらのセキュリティ機器を集中的に監視して、潜在的な脅威やサイバー攻撃を検知して対応します。

　SOCの業務は、セキュリティイベントのリアルタイム監視、ログの分析、マルウェアやサイバー攻撃やその他の異常な挙動の検知、セキュリティインシデントの迅速な対応などを行います。このようにSOCは、早期にセキュリティインシデントを検知して暫定対応します。その後、すぐにCSIRTへ連携して被害を最小限に抑えて、サイバー攻撃から組織やユーザーの重要なデータと情報システムを守ります。

●SOCの業務

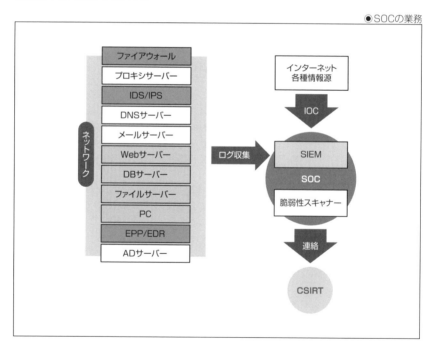

🔹 プライベートSOCとパブリックSOC/共用SOC

SOCは、自分の組織を監視するプライベートSOCと、セキュリティ企業が複数組織をまとめて監視するパブリックSOC/共用SOCがあります。

◆ プライベートSOC

プライベートSOCは、組織が自組織を監視するために自組織で構築して、自組織で運用します。組織が自組織の監視の範囲や時間帯、機器に合わせて監視システムと体制を構築して運営します。

プライベートSOCは、自組織の環境や要求に合わせて、SOCを柔軟にカスタマイズできることが利点です。欠点は、SOCメンバーの教育や体制維持に苦労することや、監視対象の規模が大きいほどコストがかかることです。

◆ パブリックSOC/共用SOC

パブリックSOC/共用SOCは、セキュリティ企業が他組織とセキュリティ監視サービスを契約して、まとめて監視します。セキュリティ企業がSOCを所有して、セキュリティ監視の技術を持ったSOCメンバーを配置して体制を維持します。ある組織は、セキュリティ企業とセキュリティ監視サービスを契約して、自組織の情報をパブリックSOC/共用SOCへ提供してセキュリティ監視を委託します。

パブリックSOC/共用SOCは、複数組織をまとめて監視するため、費用対効果が高く、SOCメンバーは検知の経験や知識を共有できることが利点です。

◆ SOCの選択基準

組織は、監視の規模や要件、予算などにあったSOCを選択します。大規模な組織はプライベートSOCを構築することが多く、予算が少なく体制構築が難しい中小企業や組織はパブリックSOC/共用SOCを利用したほうが効果的です。

01
02
03
04
05

06
セキュリティオペレーション

07
08

🔲 SOCの構成要素

SOCメンバーが利用するさまざまなツールや情報の例を下記に述べます。

◆ SIEM(シーム)

SIEM(Security Information and Event Management)は、セキュリティ機器や各種サーバー、ネットワーク機器、クラウドサービスから、システムログやメッセージを収集して管理し、ルールを使って分析してサイバー攻撃を発見する情報システムです。

SIEMは、複数の異なるフォーマットのログを1つのSIEM上に統合し、それらのログを関連付けて相関分析できます。攻撃パターンとの照合や統計処理を用いて、異常なアクティビティーやサイバー攻撃をリアルタイムで検知します。

◆ UEBA(ユーイービーエー)

UEBA(User and Entity Behavior Analytics)は、SIEMと同様にシステムログやメッセージを収集して管理します。その収集した情報からユーザーやネットワーク機器、サーバー、個人用PC、クラウドサービスなどの実在するもの「エンティティ」を特定します。

SIEMは時刻やIPアドレス、FQDN、ユーザーIDなどの共通するキーワードを使ってログを関連付けますが、UEBAはエンティティを使ってログを関連付けて振る舞いを分析できます。その操作手順や処理フローといった振る舞いをモデル化して、そのモデルから逸脱した異常な操作や処理を検知する情報システムです。

◆ 脆弱性データベース

脆弱性のデータベースは、ソフトウェアやハードウェア製品の既知の脆弱性の情報を収集して管理し、必要なときに提供するデータベースシステムです。脆弱性の対策方法を調査するときや、サイバー攻撃を検知したときやインシデント対応で詳細調査するときに使ったりします。

脆弱性データベースは、脆弱性の名称やCVE(Common Vulnerabilities and Exposures)番号、CVSS(Common Vulnerability Scoring System)の詳細情報、脆弱性が影響する製品の名前やバージョン情報/CPE(Common Platform Enumeration)、検出方法、攻撃の有無、攻撃方法、対策方法、関連サイトのリンクなどを蓄積しています。

詳細はCHAPTER 05「脆弱性対応」を参照してください。

◆IOC（アイオーシー）データベース

　IOC（Indicator of Compromise）とは、既知のサイバー攻撃やマルウェア感染の特徴的な攻撃パターンや痕跡、証拠の情報です。たとえば、IPアドレスやポート番号、ドメイン名、ファイル名やファイルのハッシュ値、プログラムのコードやレジストリ上の文字列などです。それらのIOCを収集して管理し、必要なときに提供するデータベースシステムです。IOCデータベースから必要なIOCを取り出して、インシデントの検知や分析に使います。

◆脅威情報/脅威インテリジェンス（Threat Intelligence）

　脅威情報とは、サイバー攻撃、マルウェア、不正アクセスなどの攻撃の情報、攻撃者の行動、攻撃の方法（TTP: Tactics, Techniques, and Procedures）、攻撃グループの活動の特徴、使用する攻撃方法やツールの情報です。インシデントを分析するときに、攻撃者や攻撃方法などを推測するために利用します。

◆セキュリティ機器、セキュリティツール

　SOCは、ファイアウォール（Firewall）、侵入検知システム（IDS）、侵入防御システム（IPS）などのセキュリティ機器、マルウェア対策ソフトウェア、EDR（Endpoint Detection and Response）、NDR（Network Detection and Response）、SOAR（Security Orchestration, Automation, and Response）、脆弱性スキャナー、フォレンジックツールなどのセキュリティツールを使用します。これらの機器やツールは、情報セキュリティインシデントの監視と検知の基盤として使用するもの、分析に使用するもの、インシデント対応に使用するものに分かれます。

　本章では、通信の制御やサイバー攻撃の検知と防御などのセキュリティ機能に特化したハードウェアとソフトウェアが一体化した専用機器を「セキュリティ機器」、コンピュータへインストールして使用するセキュリティ機能を持ったソフトウェアを「セキュリティツール」と呼びます。

🔷 SOCメンバーの役割分担

SOCは、たとえば下記の役割を持ったSOCメンバーで構成します。監視作業の難易度の順に役割を階層化しています。自分の役割の処理で解決できなかった事項は、別の役割が引き継いで解決する連携方式の体制です。

◆ Tier 1（ティア・ワン）

Tier 1は、SIEMをリアルタイムで監視して、ファイアウォールやIDS/IPS、EDRなどのセキュリティ機器とセキュリティツールのアラートや、SIEMが出力したセキュリティイベントを処理します。まずは、セキュリティイベントを分類したり、危険度を評価して、誤検知を取り除いたりします。残ったセキュリティイベントのうち、あらかじめ定義した危険度以上のセキュリティイベントをセキュリティインシデントと判定します。

たとえば、IDSが、あるサーバーAを狙ったサイバー攻撃の通信を検知した場合、サイバー攻撃の通信に対するサーバーAの反応やサーバーAに残存する脆弱性、サーバーAのログなどを調査して、サイバー攻撃の影響を評価します。サイバー攻撃の影響がある場合は、セキュリティインシデントが発生したと判定します。

Tier 1は調査や判定ができなかったセキュリティイベントをTier 2へ申し送って、追加調査や誤検知の判定を委ねます。

最近は人間の代わりに高機能化したSIEMやUEBAのAIがTier 1を自動処理します。

◆ Tier 2（ティア・ツー）

Tier 1から受け取ったセキュリティイベントやセキュリティインシデントを処理します。セキュリティツールを使って、より高度な調査や分析を行います。Tier 1で調査や判定ができなかったセキュリティイベントは、Tier 2が調査して解決します。

Tier 2は、セキュリティインシデントを分析して、インシデント対応に必要な情報をまとめます。この必要な情報とは、発生日時、攻撃元/攻撃先やマルウェアの特定、被害の範囲や被害の大きさ、原因、侵入や攻撃の方法や経路などです。

◆ セキュリティアナリスト（Security Analyst）

セキュリティアナリストは、Tier 1、Tier 2の調査結果をチェックします。誤りがあれば修正したり、調査が不十分な箇所があれば調査したりして、結果をまとめます。

セキュリティインシデントの場合は、調査結果を報告様式へ記入して、決まった時間内に自組織のCSIRTやお客様へ報告します。

◉セキュリティアナリストとTier 1とTier 2の関係

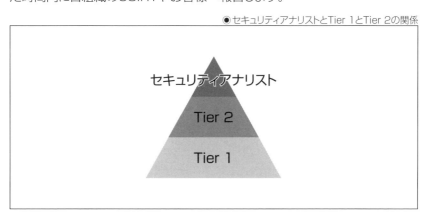

SOCメンバーは、監視対象の検知状況を定期的にまとめてレポートを作成し、監視対象のリスクと対応策を考察します。あわせて、セキュリティ対策の改善や予防策を提案します。このように、Tier 1 が基本的なインシデントの判定を行い、Tier 2 がより高度な分析を行い、セキュリティアナリストがインシデントの調査内容の最終チェックや高度な考察を行って、自組織のCSIRTやお客様へセキュリティインシデントを報告します。

🔹 SOCでの監視時間と監視強化

組織は、監視の要件に合わせた監視時間を選択します。また、必要に応じて特定期間の監視を強化します。

◆ ビジネスアワーの監視

日中の営業時間帯に重要な情報システムが稼働したり、オフィスで業務をしたりする組織は、平日のビジネスアワーのみ監視します。

ユーザー操作が起因のセキュリティインシデントは平日の営業時間帯に発生しやすいため、監視コストを抑えたい場合は、平日の営業時間帯のみ監視します。

◆ 24時間監視（24h/7d監視、24時間365日監視）

　24時間稼働する重要な情報システムやオフィス業務がある場合は、いつセキュリティインシデントが発生しても迅速に検知と報告ができるように、SOCも24時間、365日体制で監視を行います。自国と時差のある海外からサイバー攻撃を受けた場合は、非営業時間帯にセキュリティインシデントが発生します。非営業時間にセキュリティインシデントが発生した場合でも、きちんと対応できるよう、必要な体制と連絡方法を整えておきます。

　24時間体制を実現するために、SOCメンバーの業務時間は交代制/シフトワークを採用します。一般的には8時間勤務の3交代制（3 Shifts）を採用しています。3交代制のシフトの例は次の通りです。

- 早番シフト：8時から16時まで
- 中番シフト：16時から24時まで
- 遅番シフト：24時から8時まで

　SOCの場合、前後のシフトとの引き継ぎの業務時間が必要です。緊急対応で交代時刻を越えて対応する場合もあります。その時間を考慮すると4交代制のほうが、勤務時間に無理がありません。

◆ 強化監視

　ゼロデイ脆弱性の発見時やオリンピックやサミットなどのイベントに合わせてサイバー攻撃が増加する場合や自組織がサイバー攻撃の標的になった場合、重要な情報システムのリリース時など、特定の期間や時間帯に監視体制を強化します。

　通常よりも多くのSOCメンバーを配置して、増加するセキュリティイベントの処理やセキュリティインシデント対応を行います。

🧊 アラート、セキュリティイベント、セキュリティインシデント

　SOCメンバーは、SOCに集まった情報を起点に行動を開始します。下記の情報の単位を取り扱います。

◆ メッセージ（Message）

メッセージは、ネットワーク機器やセキュリティ機器、OSやWebアプリケーションなどの機器やプログラムの稼働状況を表す最小単位の情報です。

これらの機器やプログラムが、定期的、または逐次に稼働状況を表す文字列を生成して、ログファイルに記録したり、SOCへ送信したりします。SOCメンバーは、このメッセージの意味を解釈して、正常な状態を把握したり、異常に気づいたりします。

SIEMやUEBAは、このメッセージを処理して、異常なときはアラートを生成します。

◆ アラート（Alert）

アラートは、情報システムの稼働状況が異常なときやファイアウォール、IDS/IPSなどのセキュリティ機器やマルウェア対策ソフトウェア、EDR、SIEMやUEBAなどのセキュリティツールが、サイバー攻撃や不審な事象を検知したときに生成するメッセージの一種です。

◆ ログ（Log）

ログはメッセージやアラートを記録したファイルです。ログには、情報システムの稼働状況やセキュリティに関する情報を含み、トラブルシューティングやセキュリティ監視、セキュリティ監査などに利用します。

◆ セキュリティイベント（Security Event）

セキュリティイベントは、情報システムやネットワークで発生したセキュリティに関連する事象の総称です。本書では、SIEMに収集して管理しているメッセージ、アラートなどの情報の総称です。

◆ セキュリティインシデント（Security Incident）

セキュリティインシデントは、セキュリティ違反、サイバー攻撃、データ漏えいなど、組織の情報セキュリティを脅かす出来事を指します。セキュリティイベントを分析して、発見したサイバー攻撃や被害が発生したと判定した事象が、セキュリティインシデントです。

01
02
03
04
05
06
セキュリティオペレーション
07
08

SECTION-39
セキュリティオペレーションの基本プロセス

　一般的なSOCの監視業務の基本プロセスを下記に示します。SOCが、サイバー攻撃などのリスクを検知して、セキュリティインシデントを報告するまでのプロセスです。

1 ログの収集

2 ログの正規化

3 相関分析

4 検知

5 アラート/検知結果の判定

6 影響評価

7 セキュリティインシデントへの対応要否の決定

8 セキュリティインシデントの報告と対応連携

　セキュリティインシデントを報告した後は、自組織のCSIRTやお客様が対応します。SOCメンバーの役割は、セキュリティイベントを監視して、サイバー攻撃などのリスクを漏れなく検知して、迅速かつ正確に報告することです。

● ログの収集

　セキュリティ機器やセキュリティツール、監視対象の情報システムやネットワークなどからメッセージやアラート、ログを収集します。収集した情報を正確に分析できるように、セキュリティ機器や情報システムの時刻を正確に合わせておきます。また、メッセージやアラート、ログなどの情報をインターネット経由で収集する場合は、通信を暗号化して情報の機密性を確保します。

　情報収集する機器数が多い場合、データ量が多い場合は、通信の遅延や情報の欠損がないように、通信の容量や速度などの品質を考慮した回線や収集システムが必要です。

◉ ログの正規化

さまざまなセキュリティ機器やセキュリティツールから収集したログは、異なる形式や構造です。SIEMやUEBAは、これらのログを読み込んだ後に構造を解釈して、統一的なデータセットに変換します。

正規化したログは、SIEMやUEBAで統合管理します。

◉ 相関分析

SIEMやUEBAは、さまざまなセキュリティ機器やセキュリティツールから収集したログを分析します。このとき、異なるセキュリティ機器やセキュリティツールの複数のセキュリティイベント間の関連性を分析する手法が、相関分析です。

相関分析は、大量のセキュリティイベントの中から関係があるセキュリティイベントを抽出したいときや、セキュリティイベント群AとBに関係があることを客観的に示すときに使います。

◆ コリレーション分析

コリレーション分析では、セキュリティイベントに含んでいる数値データを使って、異なるセキュリティイベント間の相関係数を計算します。2つのセキュリティイベントの間の相関の強さは、相関係数の絶対値で表現します。0〜0.2は相関なし、0.7〜1は強い相関ありです。

◆ 時系列分析

時系列分析では、異なる複数のセキュリティイベントを時刻順に並べて解析して、数値の急激な変化や周期性など、特徴的な部分を見つけます。

◆ ネットワークフロー分析

ネットワークフロー分析では、ネットワーク通信のセキュリティイベントを用いて、通信のパターンや送信元と送信先の間の関連などを調査します。通信のシーケンスや成功/失敗の状態、回数を解析します。

🔷 検知

セキュリティ機器やセキュリティツールは下記のような手法を使って、セキュリティイベントを検知します。

◆ パターンマッチング

IOCと一致するセキュリティイベントを検知します。単純な方法は、通信の送信元や送信先のIPアドレスやFQDN、URL、HTTPのUserAgentの文字列など、数字や文字列を比較して、部分一致や完全一致を探す方法です。IPアドレスやFQDNを集めたリストをブロックリストと呼びます。

複数のパターンを組み合わせたり、時刻や回数/頻度、地理的な場所などの条件で絞り込んだり、複雑なパターンマッチングの方法も使います。

◆ アノマリ検知

通常の状態を定義して、その通常の状態と比較して外れた異常な状態のセキュリティイベントを検出します。通常の状態は、インターネット通信技術の標準仕様（RFC）や技術者の知見をもとに定義したり、統計的な方法や機械学習アルゴリズムを使って通常の状態を算出して定義したりします。

通常の状態と異なる状態のセキュリティイベントをすべて検知するため、サイバー攻撃ではない、リスクのない通信も誤検知します。

◆ ヒューリスティック手法

既知のサイバー攻撃の方法や特徴に基づいて検知ルールや検知パターンを定義して、これらと合致するセキュリティイベントを検出します。類似のサイバー攻撃は検知できますが、未知のサイバー攻撃や新しいサイバー攻撃方法は検知できません。

◆ 振る舞い検知（ビヘイビアルアナリティクス）

普段、頻繁に発生するユーザーの操作手順やソフトウェアの処理フロー、不正アクセスやサイバー攻撃の処理フローをモデル化します。連続したセキュリティイベントとそのモデルを比較して、セキュリティイベントを検出します。

アノマリ検知と同様に、リスクのない振る舞いも誤検知します。

◆ 機械学習やAIを使った検知

機械学習や人工知能を活用した高度な自動検知手法です。教師あり学習、教師なし学習、深層学習などのさまざまな方法があります。

🐚 アラート/検知結果の判定

　アラートや検知した結果が、必ずサイバー攻撃やセキュリティインシデントとは限りません。SOCメンバーが、アラートや検知した結果をチェックして、誤検知（False Positive）を取り除きます。アノマリ検知や振る舞い検知には、このアラート/検知結果の判定作業が欠かせません。下記に代表的な誤検知判定の観点や方法を解説します。

◆ 通信やプロセスを検知した場合

　通信やプロセスを検知した場合は、前後の通信やプロセスを詳細に調査します。不審なファイルをダウンロードして実行していたり、IOCや脅威情報に該当する不審なサイトへ通信したりしている場合は、サイバー攻撃や不審なセキュリティイベントを検知したと判定します。

◆ 通信経路の途中のセキュリティ機器がサイバー攻撃を検知した場合

　サイバー攻撃の通信経路の途中のIDSやファイアウォールなどのセキュリティ機器がサイバー攻撃を検知した場合は、サイバー攻撃が標的の機器やソフトウェアへ到達したかどうか、通信ログや標的の機器やソフトウェアのログを調査して判定します。

　通信経路上の別のネットワーク機器やセキュリティ機器の通信ログに遮断の痕跡があれば、サイバー攻撃は標的へ到達していないため誤検知と判定します。

　サイバー攻撃の通信後に、サイバー攻撃の対象の機器やソフトウェアから返答の通信があった場合は、攻撃が成功して被害が発生しているおそれがあります。

◆ サイバー攻撃が標的の機器やソフトウェアへ到達している場合

　サイバー攻撃が標的の機器やソフトウェアへ到達している場合は、標的の機器やソフトウェアのログを調査して、サイバー攻撃の影響の有無を判断します。たとえば、サイバー攻撃が、攻撃者による不正ログインの試行の場合は、ログインの成功/失敗のログを調査します。ログインの成功のログがない場合は、誤検知と判定します。

06
セキュリティオペレーション

　脆弱性を狙った攻撃の場合は、標的のOSやソフトウェアのバージョン、パッチの適用有無を調査します。標的がバージョンアップ済み、パッチ適用済みで脆弱性が修正済みの場合は、脆弱性を狙ったサイバー攻撃は失敗しているため、誤検知と判定します。

　攻撃対象の機器やソフトウェア上で、サイバー攻撃を受けた後の痕跡や返答の通信を調査するときは、IOCや脅威情報を利用します。

◆ 誤検知する確率の高い検知ルールなどによる検知の場合

　誤検知する確率の高い検知ルールによる検知やアノマリ検知、振る舞い検知の場合は、検知した通信や操作、プログラムの実行の詳細をチェックします。ユーザーの操作を検知した場合は、操作した人のなりすましの有無、権限の有無、操作の目的や意図、悪意の有無、前後の操作、操作した結果による情報漏えいやマルウェアの実行などの悪影響や被害の発生の有無を調査します。

　総合的に検知/誤検知やセキュリティインシデントの有無を判断します。

● 影響評価

　アラートや検知した結果が正しかった場合は、下記のような要素について、監視対象の重要なデータや情報システムへの影響の有無や大きさを評価します。

◆ 不正侵入

　正規のアクセス権を持たない者が、情報システムやネットワーク、クラウドサービスへ侵入する行為を指します。IDやパスワードを無断で使用する方法、IDやパスワードを推測する方法、情報システムやネットワークの脆弱性を悪用する方法などを使って侵入します。

　攻撃者が侵入したマシン数やネットワーク範囲、不正侵入に成功して獲得したアクセス権限などから、影響の大きさを評価します。

◆ リソースの不正利用

　リソースの利用権限を持たない者が、情報システムやネットワーク、クラウドサービスを許可なく使用する行為を指します。CPUやメモリ、ストレージ、ネットワーク帯域をサイバー攻撃や自己の利益を得るために悪用します。スパムメールの送信やサイバー攻撃するときの踏み台、暗号通貨のマイニング処理などに悪用します。

　リソースの不正利用により、正規のユーザーの操作や正規のサービスのパフォーマンスが低下したり、通信が遅延したりする場合があります。不正に利用したリソースのコストやサービス使用料から影響の大きさを評価します。

◆ サービス妨害/停止

　サービス妨害/停止攻撃は、攻撃対象の情報システムやネットワーク、クラウドサービスへ大量の通信やデータを送信したり、脆弱性を攻撃したり、マルウェアを感染させたりします。

　その結果、データが破損/喪失したり、リソースが過負荷状態になって処理が遅延したり、情報システムが異常停止したりします。

　主な方法は、DoS/DDoS攻撃（分散型サービス拒否攻撃）、ランサムウェア攻撃です。情報システムが業務を正常に処理できずに発生した損失の大きさを評価します。

◆ 情報漏えい

　誤操作などの人為的ミス、設定ミスやセキュリティ対策漏れ、バグや脆弱性による処理誤りによる、偶発的な情報の漏えいを指します。セキュリティルールを無視した悪意のある操作、不正侵入した攻撃者やマルウェアにより、意図的かつ不正に情報が漏えいする場合も該当します。

　個人情報が漏えいした場合は、個人情報保護法やデータ保護法に違反した場合の罰金、プライバシーの侵害や漏えいに起因する個人の損失に対する法的な訴訟などから被害の大きさを評価します。

　ビジネス関連の機密情報の漏えいの場合は、特許やノウハウ、顧客の販売データなどの資産価値のある情報の価値、発表前の新製品情報のような期待損失、ブランドイメージのような信頼性の価値から金銭的な影響の大きさを評価します。

◆ 情報の改ざん/破壊

　インターネット上の攻撃者や内部不正者が、組織が蓄積管理している個人情報や機密情報を書き換えたり、破壊したりする攻撃を指します。ランサムウェアによる暗号化も、情報の破壊に該当します。

　販売データ、注文データ、経営/会計データ、情報システムの設計データなど、価値があるデータやこれから業務に使用するデータが改ざん/破壊された場合は、大きな被害が発生します。

　情報の収集や作成、分析にかかったコスト、情報を使った売り上げの期待損失から、影響の大きさを評価します。

🔹 セキュリティインシデントへの対応要否の決定

　アラートや検知結果の判定と影響の大きさの評価が終了し、影響があることを確定したら、セキュリティインシデントへの対応要否を決定します。

🔹 セキュリティインシデントの報告と対応連携

　セキュリティインシデントへの対応が必要と決定したら、アラート/検知結果の判定と影響評価の情報をコンピュータセキュリティインシデント対応チーム（CSIRT）や事前に決めた報告先へ報告します。SOCから報告を受領した組織は、セキュリティインシデントの対応を開始します。

　また、セキュリティインシデントへの対応要否決定までの詳細な作業記録は、報告書へまとめておきます。

01
02
03
04
05

06

セキュリティオペレーション

07
08

セキュリティオペレーションの定期レポートと維持改善

　一般的なSOCにおいては、定期レポートの作成や維持改善を行います。

🧊 定期レポート

　SOCの監視作業を定期レポートへまとめます。定期レポートには、セキュリティインシデントの検知数や誤検知数などを統計分析した結果やセキュリティインシデントの詳細情報や影響、考察を記載します。

　また、数値の経時変化から、セキュリティリスクの増減も考察します。定期レポートから、リスク状況を把握して、緊急対策や維持改善を行います。

🧊 維持改善

　誤検知数や誤検知の影響がしきい値以上の場合は、原因を究明して、検知システムを改善します。検知ルールの設定の調整や、アラート/検知結果の判定方法の修正で、誤検知を削減します。

　改善の効果は、定期レポートの統計分析の結果で確認します。

監視・分析用のセキュリティツールと監視技術

　SOCで使用する監視・分析用のセキュリティツールや監視技術を説明します。

● EDR（イーディーアール）

　EDR（Endpoint Detection and Response）製品は、サーバーや個人用のPCなど、エンドポイントへインストールするセキュリティ製品です。

　マルウェア対策ソフトウェアは、パターンマッチングやヒューリスティック手法などを使用して既知のマルウェアを検出して、マルウェアを隔離します。マルウェアが攻撃方法や機能を高度化していくに従って、マルウェア対策ソフトウェアも機能を高度化してきました。マルウェア対策ソフトウェアが大きく進化してEDR製品が登場しました。

　EDR製品の特徴は、メモリの中身やファイルの操作、プロセスの起動、権限の昇格、ネットワーク通信などを監視できるため、情報収集能力が高く、エンドポイントのアクティビティーを詳細に監視できます。EDR製品は、上記の情報と既知のサイバー攻撃のパターンや特徴の情報を活用して、ソフトウェアの不審な動作を検知します。検知した後は、自動またはSOCメンバーの遠隔操作で、エンドポイント上の不審なソフトウェアやマルウェアの通信のブロック、プロセスの停止、ファイルの隔離や削除など、多様で細かな対応が可能です。

　EDR製品は、SOCメンバーがEDR製品のアラート監視や分析調査、遠隔からの対応を集中管理できるダッシュボード機能を備えています。SOCメンバーは、ダッシュボード機能やレポート機能を使って、エンドポイントのセキュリティ状況の状態把握やユーザーやプロセスのプロファイリングも可能です。

● NDR（エヌディアール）

　IDSやIPSは、組織のネットワークの境界に設置して、外部からの通信を監視、防御します。NDR（Network Detection and Response）製品は、内部ネットワークの通信を監視して、異常な通信や不正な通信を検知します。

　NDR製品は、脅威情報/脅威インテリジェンスから既知のサイバー攻撃の通信パターンの情報を取得して、サイバー攻撃を検出します。また、ユーザーやデバイスの通常の通信パターンを学習して、そこから逸脱した異常な通信を振る舞い検知することも可能です。マルウェアの内部ネットワーク経由の感染拡大や情報漏えいなどの不審な通信を検知できます。検知した後は、自動またはSOCメンバーの遠隔操作で 通信の遮断や侵害されたデバイスのネットワーク隔離が可能です。

　NDR製品には、通信パケットの記録と分析、可視化機能があり、SOCメンバーが検知後に通信の詳細な分析ができます。

● SOAR(ソアー)

　SOAR(Security Orchestration, Automation, and Response)は、特定のアラートやセキュリティイベントのパターンを自動で分析して誤検知判定を行い、リスク評価の結果をもとにセキュリティ機器やセキュリティツールへ通信遮断などの命令送信を行います。複数のセキュリティ機器やセキュリティツールとの連携(Orchestration)、分析や判定の自動化(Automation)、セキュリティインシデントの 対応(Response)の3つがポイントです。SIEMはログを分析してサイバー攻撃の検知まで行いますが、SOARは検知後の誤検知判定と影響評価、被害拡大を防止するための暫定対応まで行います。

　SOAR製品には、プレイブックと呼ばれる機能があります。事前に、特定のアラートやセキュリティイベントのパターンが発生したときの分析や誤検知判定、リスク評価、対応を自動処理する手順をプレイブックへ記述しておきます。SOARは、プレイブックを使って、自動で分析や判定、対応をします。手作業を最小限に抑えて処理速度を上げて、セキュリティインシデントへの対応を高速化します。

　自動化により、人為的な判断ミスや手作業による品質のばらつきが減少し、処理手順も効率化できるので、運用コストも削減できます。

● SOARの概念図

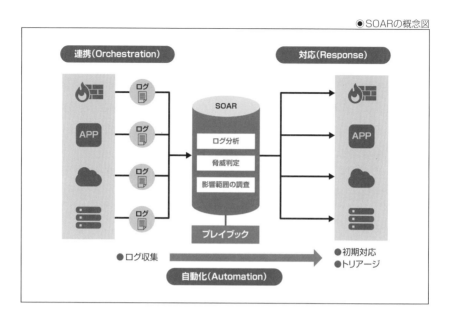

🔹 脅威ハンティング（Threat Hunting）

　脅威ハンティングは、ログやネットワーク通信を調査して、ネットワークや情報システム内に潜む未検知のサイバー攻撃や脆弱性、内部不正などのリスクを発見する方法です。一定期間のログやネットワーク通信を保存して、定期的に調査します。

　脅威ハンティングには、大量のログやネットワーク通信などのデータを分析する能力、それらの情報を把握して異常な箇所を発見する能力、最新の脆弱性やサイバー攻撃の情報収集能力、多角的な分析能力や洞察力が必要です。

🔹 ゼロトラストネットワーク監視

　境界防御方式のネットワークは、ファイアウォールやIDS/IPSを組織のネットワークの境界に設置して、インターネットなどの外部ネットワークからのサイバー攻撃や侵入を監視します。また、内部ネットワークからの外部ネットワークへの不審な通信も監視します。内部ネットワーク上のサーバーに侵入した攻撃者の通信や個人用PCに感染したマルウェアからC2サーバーへの通信、内部不正者による機密情報の外部ネットワークへの流出を監視します。

　ゼロトラストアーキテクチャに基づいたネットワークは、組織のネットワークの内部と外部を区別せず、すべての通信経路の通信と、ユーザーやデバイスのすべての操作やプロセスなどのイベントを監視します。そのため、ユーザーとデバイスを識別、認証する技術が必須です。そして、正当性を確認できたユーザーやデバイスから情報システムへの間のネットワーク通信を監視して厳密に制御します。

　ゼロトラストネットワークは、境界防御方式のネットワークよりも、ユーザーやデバイスに紐づいた詳細な情報を使って監視できますが、監視するログ量は大幅に増えるため、大量のストレージとサイバー攻撃を検知するための高い処理性能が必要です。

01

02

03

04

05

06

セキュリティオペレーション

07

08

CHAPTER
07
全体統括
（CSIRTコマンダー）

>>> **本章の概要**

　セキュリティインシデントが発生した場合、関係者が総力を挙げて早期解決を図るために全体を統括する必要があります。

　本書ではセキュリティインシデント発生時に対応体制全体を統括する役割をCSIRTコマンダーと呼びます。

　本章では、典型的なCSIRTコマンダーの仕事を説明します。組織によってCSIRTコマンダーの仕事内容は異なります。

CSIRTコマンダーとは

　CSIRTコマンダーの役割は、セキュリティインシデント発生時のCSIRTの内部・外部との連携や対応体制全体のとりまとめです。インシデント対応要員の配置やインシデント対応の方針を決定します。

　CSIRTコマンダーとは別に連絡用の要員を用意できる場合は、CSIRTコマンダーの役割からPoC（Point of Contact：連絡窓口）を分離します。役割を分離すれば、CSIRTコマンダー（全体統括）の負担を減らすことができます。

　CSIRTコマンダーまたはPoC（連絡役）は、インシデント対応時の報告先や連絡先をわかっていることが、重要なポイントです。

●CSIRTコマンダーの動き

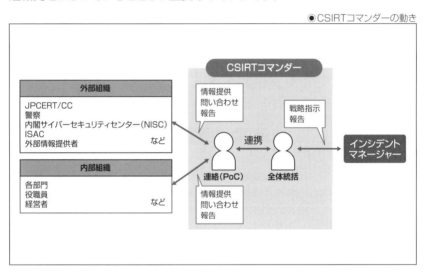

CSIRTコマンダーの業務内容

次にCSIRTコマンダーの業務内容の詳細を説明します。

🔲 連絡役

情報を伝達することは非常に重要な行為であり、相手から正しく聞き、相手に正しく伝えることができないと自分も相手も混乱します。特にセキュリティインシデント発生時は、あいまいな情報や誤解を与えそうな情報を伝えると、現場が混乱して終息の妨げになるおそれもあります。

連絡役としての業務内容の例を、4つ紹介します。

◆ 社外との連携

社外の情報セキュリティ関連組織からセキュリティインシデントの情報を受領します。また、社外の情報セキュリティ関連組織に、必要に応じてセキュリティインシデント発生を報告します。社外の情報セキュリティ関連組織とは、監督官庁、警察、JPCERT/CC、IPA、個人情報保護委員会、Pマーク審査機関などを指します。

◆ セキュリティインシデント発生部門との連携

インシデント発生部門・SOC・CSIRTの間で情報を連携し、発見したセキュリティインシデントや脆弱性の報告などを受け付けます。

◆ 法務関連の連絡

インシデント対応を行うときには、セキュリティに関係する複数の法律を遵守しなければなりません。特に個人情報や要配慮個人情報、特定個人情報を扱う場合には、個人情報の取り扱いに関する法律が要求する事項がたくさんあります。主にIT出身者が多く法律文書を理解するのが苦手なセキュリティ部門と、法律解釈は得意だがITにはあまり詳しくないことが多い法務部門が連携をしながら安全にインシデント対応できるようにします。

◆ 広報関連の連絡

　不幸にしてセキュリティインシデントが発生して記者会見などを行うことになった場合、マスコミ対応は広報、渉外部門、記者会見は総務部門や担当役員が行うこともあるでしょう。連絡役はこれらの人たちに正しくわかりやすく事象を説明することが重要です。

01
02
03
04
05
06
07
全体統括（CSIRTコマンダー）
08

● 連絡役の情報の入出力

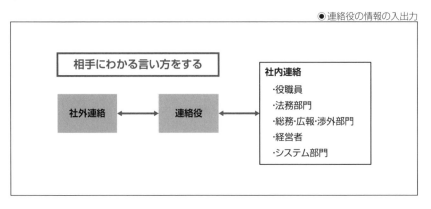

🍃 全体統括

　セキュリティインシデント発生時にはBCPや対顧客、経営的な観点を中心に対策フェーズごとの対応戦略を専門家や各関係者とともに策定します。その戦略をインシデントマネージャーと相談し、インシデントマネージャーから提案を受けた技術的な戦術を相互で確認して優先順位を決め、対応を指示します。また、刻々と変わる状況、新たに得られる情報に応じて戦略を見直して再指示を行います。

　セキュリティインシデントが発生しているという緊急事態の最中に決して慌てず、冷静な判断を行うことが必要であり、非常に高度なスキルと精神力が必要とされる役割です。

　全体統括の業務内容の例を5つ紹介します。

- CSIRTの全体指揮
- インシデントマネージャー、SOCとの戦略会議
- インシデントに対する解決戦略策定
- インシデントの発生部門、情報システム部門とビジネスインパクトを勘案しながら業務の停止や再開、着手順序の決定
- 策定した戦略に基づく結果の検証と次の一手の策定

● 対策フェーズ・戦略を作成し、指示を出す全体統括

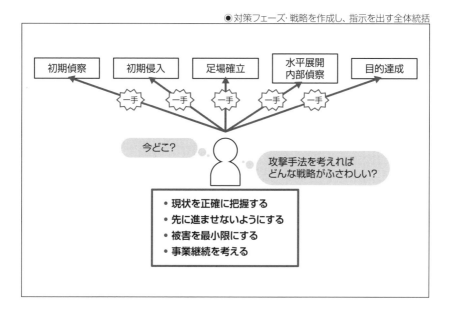

CSIRTコマンダーになるには

CSIRTコマンダーになるために必要な知識・スキル・学習方法の例を解説します。

🔶 ITスキル・セキュリティ知識

ITスキル、セキュリティ知識を習得していることはもちろんですが、実際に行動に移すためにはそれらを知識のままではなく、経験を積む必要があります。

🔶 情報を正確にやり取りするためのコミュニケーション力

コミュニケーションの相手としては、業務内容で記載した通り、知識レベルの異なる人々に正確に情報を伝える必要があります。

コミュニケーションの基本は「聞く」「理解する」「伝える」です。

◆ 聞く

「聞く」ですが、相手の話していることがすべて真実とは限りません。相手が事実ではなく推測で話しているかもしれません。また、悪気はなくとも勘違いして話をしているかもしれません。これらの話を検証せずにそのまま次の人に伝えると辻褄が合わなかったり、間違った情報を伝えることになったりして現場が混乱します。

正しく聞くということはその人が話している内容が正確なのか、過不足はないのかを常に確認しながら聞き出す、というスキルです。

◆ 理解する

「理解する」は話し手の話す内容を理解することです。あたりまえのようですが、さまざまな相手から話される内容を理解するのは一筋縄ではいきません。

経営者、監督官庁、警察、情報システム部門、法務部門、総務部門、業務部門など、それぞれが何を求めて話をしてくるのかを理解した上で内容を把握する必要があります。もちろん、それぞれがその部署の専門用語を使って話してくるため、その理解も必要です。また、脆弱性情報や脆弱性の影響を受ける情報システムなどについて、効率的に話すためにあらかじめノウハウとして蓄えておくとよいでしょう。

◆ 伝える

「伝える」と「伝わる」は違います。もちろん目指すべきは伝わる、のほうであり、そのためには伝える相手が理解できる言葉にしないと、伝えたつもりになってしまいます。スキルの基本としては、相手の理解できる範囲の言葉に変換すること、相手が正しく理解したかどうかの確認を行うことです。確認方法については「聞く」の手法やスキルが使えます。正確に理解できたかどうかを聞いてみることです。

このようにコミュニケーションスキルは簡単なようで奥深いです。

● 交渉力

セキュリティインシデント発生時のスケジュール調整など、各部門と困難な交渉が発生するケースがあります。

正攻法としてはリスクとビジネスインパクトの説明や法律や規約を使って説明しますが、現実はそう簡単なものではなく、代替案も含めたリスクが最小限となる案を調整・策定して話し合うことになるでしょう。

つまり、話し合いの交渉能力はもちろんですが、それを支えるリスク分析、ビジネスインパクトの理解、法令の理解、それを踏まえた代替案の提案能力があってはじめて交渉の場に立てる、ということです。

● 論理的思考力

セキュリティインシデントの発生直後は、把握しているセキュリティインシデントの情報に限度があります。しかし、セキュリティインシデントの被害の拡大を防がねばなりません。そのためには、事前に次の情報を入手して把握しておき、その少ない情報をもとに仮説を立てて状況を推測して、発生したセキュリティインシデントの被害が拡大しないように暫定対処したり、原因を調査したりします。

- 自組織の情報の例
  - 自組織のシステム構成、ネットワーク構成
  - 自組織のセキュリティ対策
  - 導入済みのセキュリティ装置で防げるサイバー攻撃、防げないサイバー攻撃
  - 自組織の情報システム、および業務が停止したときのビジネス影響

- サイバー攻撃の情報の例
  - 伝統的なサイバー攻撃手法、最新のサイバー攻撃手法
  - サイバー攻撃が悪用している最近の危険な脆弱性
  - 最近のセキュリティインシデントの事例

　仮説に基づいて、セキュリティインシデントの原因や被害範囲を調査する方針を策定します。単なる推測ではなく、仮説・事実に基づいた論理的思考力が必要です。また、仮説が間違っていた場合には、その仮説に囚われずに、仮説とそれまでに実施した調査結果を捨てて、方針を方向転換できる柔軟で迅速な判断力が必要です。

優先順位決定とリスク算定手法のための知識

　インシデント対応には時間制限があります。一般事業会社であれば、事業継続が第一優先ですので、一刻も早い復旧が求められます。

　このような状況の中、何を優先すべきか、暫定対応を行った場合の残存リスクは何か、それは関係者で許容できるものなのかを調整してはじめて策として成り立ちます。

　そのためにはリスク算定（起きる確率と起きた場合に被害額）手法と優先順位を決められる方針策定が必要となります。

精神力

　最後にスキルとは少し違いますが、CSIRTコマンダーに必要なこととして精神力を挙げておきます。

　インシデント対応はシステム障害と異なり、悪意のある攻撃者が存在します。そして彼らは執拗に攻撃を仕掛けてきます。攻撃側より防衛側は情報もないため圧倒的に不利ですが、その状況下で事業を守らなければなりません。

　最近はあまりないと思いますが、関係者は攻撃者を責めるのではなく、事業を必死に守っているセキュリティ防衛側を遅い、何やっているのかなどと責めることがあります。

　このような極度の圧力下で冷静に状況を判断し、仮説を立て、戦略を立てることは並大抵の精神力ではできません。真摯に取り組むことは必要ですが、あまり悲観的になると病むこともあります。少々楽天的な性格のほうがよいかもしれません。

　戦いは長引くので、精神的なダメージをコントロールできるセルフケアスキルも必要となるでしょう。

●CSIRTコマンダーに必要なスキル

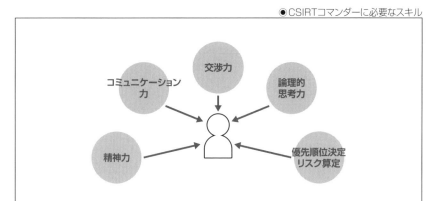

習得方法

　CSIRTコマンダーの業務をする上で必要となる知識・スキルを身に付けるための習得方法の一例を記載します。

- 社内で発生している平常時の状況をレポートし、定期的に関係者へ報告する。
- 連絡・窓口担当として全体感をつかむために、自組織のルールに基づいてインシデント対応フローを理解し、関係者に全体フローを説明してみる。
- 脆弱性情報を入手したときの対応要否判断、対応を行う場合の方法、対応できずに他の方法でリスク低減を図る方法を指導者の下で学習する。
- セキュリティインシデントが発生した場合、もしくは訓練を行った際に、指導者の下で事象発生・対応状況、業務影響、被害・復旧状況をそれぞれ時系列で記載した報告書を作成する。さらに、暫定処置を実施している場合はその状況、関係者への連絡状況、原因究明状況も記載してまとめて関係者へ説明する。
- 対象となる情報システム・業務・ネットワーク構成を理解し、起きている事象を絵で表現してみる。
- SOCから報告されるアラートの状況を指導者とともに分析し、対応要否判断、優先順位決定スキルを習得する。
- セキュリティインシデント発生時には指導者とともに対応戦略を策定し、インシデントマネージャーへの指示を補佐する。
- 外部関係者との接点を構築し、積極的にワーキンググループなどへ参加する。

　これらに加え、実際のセキュリティインシデント発生に備えて、自組織を狙ってどのような攻撃があるかを理解し、どのような対応方針になっているのか机上訓練で確認することはとても重要です。

　下記に机上訓練すべきサイバー攻撃の一例を記載します。

- サービス妨害攻撃（Denial of Service Attack、DoS攻撃）
- インジェクション攻撃
- 不審なEメールの受信
- 自組織なりすましメール
- ランサムウェアやデータ破壊マルウェア
- C2サーバーへのアクセスといった不審な通信
- Webページ改ざん

CHAPTER

08

インシデント管理と
インシデント処理

>>> **本章の概要**

　インシデントハンドリングにおいては、その中心となる役割にインシデント管理とインシデント処理があります。

　本書ではインシデント管理の役割をインシデントマネージャーと呼び、インシデント処理の役割をインシデントハンドラーと呼びます。セキュリティインシデントの解決や業務復旧までの命運を握る、ある意味では花形的な役割です。

　本章では、典型的なインシデントマネージャーとインシデントハンドラーの仕事について解説します。組織によって各役割の仕事内容は異なります。

SECTION-45
インシデントマネージャーと
インシデントハンドラーとは

　セキュリティインシデント発生時にその事象を終息させる中心的な役割を
インシデントマネージャーとインシデントハンドラーは担っています。

　インシデントマネージャーはインシデントの情報をインシデント発生部門や
SOCから収集し、CSIRTコマンダーと情報共有します。また、インシデントハ
ンドラーに対応指示を行い、状況を管理しインシデントレポートを記録します。

　インシデントハンドラーは、インシデントマネージャーの指示のもと、発生し
ているインシデントへの対応を行います。その他にも影響しているシステム
の対応支援も行います。セキュリティベンダーを利用している場合にはベン
ダーとの連携を行います。

　たとえば、出社してみたら突然昨日まで使っていたファイルが利用できず、
業務がストップしていたということを想定します。

　もちろん、サイバー攻撃だけでなく、システム障害や、人的なオペレーショ
ンミスということも考えられますが、それらの確率を考えつつ、セキュリティ
インシデントと判明したときにはその事象を終息させる中心的な役割をイン
シデントマネージャーとインシデントハンドラーは担います。

　インシデントマネージャーはファイルが使えない範囲はどこか、現在も被害
は拡大しつつあるか、終息しているのか、攻撃者はどのように侵入したと考え
られるのか、業務影響はどのくらいなのか、業務継続のための暫定対応は可
能なのかなどをCSIRTコマンダーと方向性を決めた後、セキュリティ機器類
を分析して現状を明らかにして対応を行います。

　もちろん、1人ではできないので、分析作業の実行部隊となるインシデント
ハンドラーや、事象の観測をしているSOC、被害対象となっている情報シス
テム部門、インフラ部門、業務部門などに指示を出し、適切な要員をアサイン
しながら各部門と連携を取って最短距離で終息させていきます。

インシデントを終息させるために必要となるインシデントマネージャーとインシデントハンドラーの内部的な連携の例は下記となります。

- CSIRTコマンダーとインシデント対応に対する戦略の打ち合わせ
- CSIRTコマンダーへの作業状況、インシデント対応状況の報告
- インシデントマネージャーからインシデントハンドラーへ作業指示
- インシデントハンドラーからインシデントマネージャーへ作業進捗報告
- SOCとインシデントマネージャー・インシデントハンドラー間のインシデント内容の情報共有、調査指示
- インシデントが発生している情報システム部門への説明、作業指示（支援）
- インシデントが発生している情報システム部門からの詳細情報の報告受領
- ネットワークやインフラ部門への連絡、作業指示、報告
- フォレンジックベンダーへの調査依頼と報告受領
- 外部ベンダーへの調査依頼と報告受領

以上の連絡、作業指示、作業報告受領によって、セキュリティインシデントの要因となる事象の封じ込め、暫定策の立案・実施、原因の特定と対処、情報システム・業務の復旧、再発防止などを進めていきます。

◉インシデントマネージャーとインシデントハンドラーの内部的な連絡先と連絡内容

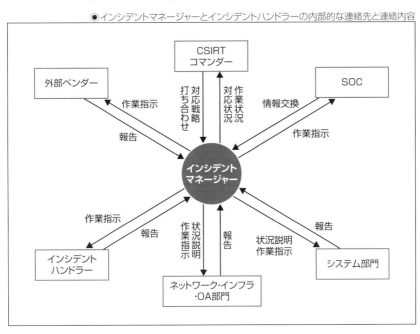

インシデントマネージャーと
インシデントハンドラーの業務内容

次にインシデントマネージャーとインシデントハンドラーの業務内容の例を解説します。

インシデントマネージャーとインシデントハンドラーは兼任してもよいのですが、組織の状況にあわせて適宜、役割分担を行うことが推奨されます。

監督と連絡

インシデントマネージャーはCSIRTコマンダーと協議した今回のインシデント対応に関する全体的な対応方針を具体化した作業を関係部門に指示し、監督します。具体的な例として、攻撃の封じ込めと業務継続を優先という対応方針が示された場合には、考えられる侵入経路の遮断、被害が出ている箇所からの通信先の遮断、最低限の業務継続手法の準備・確保など、適切な要員をアサインして同時並行で推進させます。

インシデントマネージャーはインシデント対応に関する戦術・作戦担当かつ現場監督となるでしょう。情報共有、作業指示、作業報告の正確性・的確性が求められ、これらがインシデント対応の成果を左右するといっても過言ではありません。

また、それぞれ指示を出した作業管理を行うため、プロジェクトマネジメントのスキルも必要となります。大量の作業項目をタスク化し、それらを進捗管理することは簡単なことではありません。

各連携先と行う業務内容の例は下記の通りです。

◆ CSIRTコマンダーとの対応方針の確認

CSIRTコマンダーと現状を共有し、インシデントの種類から攻撃手法を推定し、被害規模の想定やインシデントのこれ以上の拡散防止・被害の最小化を図るための封じ込めから、業務や提供サービスを暫定復旧させるための暫定処置、根本原因の追究と要因の排除、再発防止のための戦略をCSIRTコマンダーと協力して決めていきます。

また、それらの作業の優先順位を決めていきます。

◆具体化した作業の指示

　主な具体化内容としては、どの機器の何をどのようにして攻撃の時系列を調べるかです。たとえば、とあるネットワーク機器のログに記録されているIPのログを過去何日分遡って抽出して、特定の記録があるデータだけ抜き出して痕跡があるかどうかを確認する、ということです。攻撃手法の推定から、調査対象となる機器を選定し、仮説に基づいた調査を行います。事実が判明した時点で仮説の検証や必要であれば方向転換を行い、事実に近づけていきます。

　インシデントマネージャーはこれらの具体的な作業指示を管理項目として進捗管理し、作業そのものはインシデントハンドラーやSOC、情報システム部門に依頼します。

●対応方針の確認、タスク管理、各方面への指示

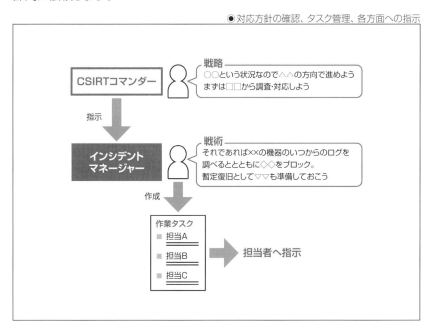

● CSIRTコマンダーへのインシデント対応状況の報告

インシデント対応状況をCSIRTコマンダーへ報告します。CSIRTコマンダーはインシデントマネージャーから得た情報を関係者に情報連携します。

◉ 対応状況の報告

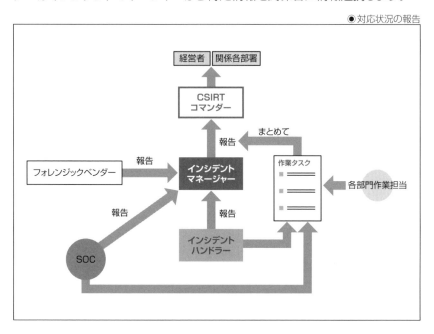

● インシデントハンドラーへの作業指示および報告

インシデントハンドラーに依頼する作業項目を指示して、実施内容をインシデントハンドラーと相互確認します。

◉ インシデントハンドラーへの作業指示と報告

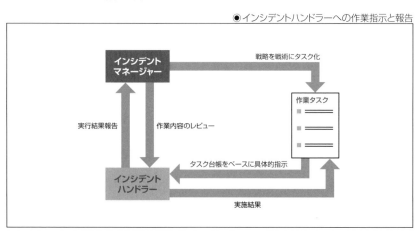

SOCへの調査依頼と報告受領

インシデント対応において情報が不足している場合や、インシデントハンドラーが調査できない事項が見つかったときは、SOCへ調査や情報提供を依頼します。

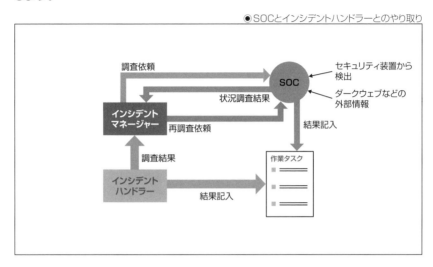

●SOCとインシデントハンドラーとのやり取り

インシデント発生部門への説明、調査・対応指示、結果の受領

インシデント発生部門は、インシデント対応の経験が乏しいことがほとんどです。インシデントマネージャーからインシデント発生部門への説明をする場合には相手がわかるように事象を説明します。

実際の調査・対応はインシデント発生部門が行いますが、どのように調べたらよいのかなど、不明な点は支援することも必要です。

インシデントマネージャーは結果を受領します。

フォレンジックベンダーへの調査依頼と報告受領

自組織だけで対応ができない場合は、外部のセキュリティの専門会社にインシデント対応の支援を依頼します。特に、インシデントマネージャーは必要に応じてフォレンジックベンダーに調査を依頼します。依頼においては、着手までにかかる期間、調査完了までの期間、費用、その他条件を調整します。

また、セキュリティインシデント発生部門やSOCなどから得られた情報を、フォレンジックベンダーと共有して効率的に作業を行えるように支援します。

● フォレンジックの検討

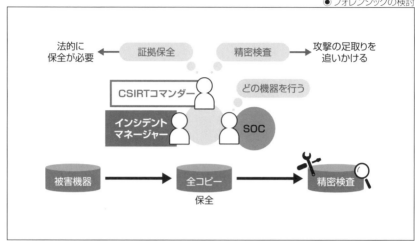

● 外部委託ベンダーへの調査依頼と報告受領

　外部委託しているシステムでインシデントが発生している場合には、内部のインシデント発生部門に行ってきたような調査依頼、報告受領を外部ベンダーに行うこととなります。調査依頼に対してのレスポンスを期待するのであれば、外部委託の契約を締結する前にインシデントレスポンスに対しての協力やSLAが定められている契約になっているかどうかの確認があらかじめ必要です。

　最悪の場合には契約対象外で依頼しても協力が得られない、緊急を要するのにレスポンスが遅い、セキュリティインシデントに対する知識がまったくないなど、計画通りの対応ができなくなるリスクがあります。

● 外部とのやり取り

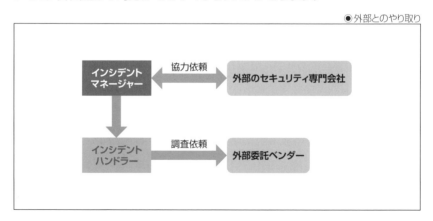

● CSIRTコマンダーへの進捗報告

たとえば、下記のような項目を報告します。

- 事象発生・対応状況を時系列に並べた記載
- 業務影響範囲
- 被害範囲・復旧状況
- 連絡先チェックリストと連絡状況
- 暫定対応状況（業務・情報システム）
- 原因追究状況（人、情報システム、マルウェアなど）
- 各作業依頼内容と進捗状況

●インシデントマネージャーの進捗報告の例

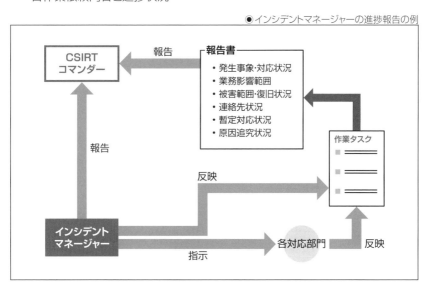

インシデントマネージャー・インシデントハンドラーになるには

インシデントマネージャーやインシデントハンドラーになるために必要な知識・スキル・学習方法の例を解説します。

🔖 知識やスキル・学習方法

インシデントマネージャーの役割を担うためには下記の知識やスキル・学習方法が必要とされます。

◆ ITスキル・セキュリティ知識

ITスキル、セキュリティ知識を習得していることはもちろんですが、実際に行動に移すためには知識のままではなく、経験を積む必要があります。

◆ 情報を正確にやり取りするためのコミュニケーション力

コミュニケーションの基本の聞く、理解する、伝える、は前述のCSIRTコマンダーと同じです。ただし、インシデントマネージャー、インシデントハンドラーは技術部門と話す機会が多いため、IT用語を理解する必要があります。

◆ 作業タスクのスキル

インシデントマネージャーは作業をタスク管理し、全体の進捗管理を行います。そのため、プロジェクトマネジメントのスキルが必要です。

◆ 優先順位決定とリスク算定手法のための知識

インシデントマネージャーは多岐にわたる作業タスクに対して優先順位を決めなければなりません。この優先順位を決めるためには被害状況の把握や攻撃手段の理解とともに自社のビジネスの重要性とビジネスインパクト、それらによるリスク算定ができるようになる必要があります。それをもとに被害を最小化するための優先順位を決めます。

◆ 攻撃の種類と手法を学び、訓練を実施する

CHAPTER 01「情報セキュリティの基礎知識」で記載した攻撃の種類と手法を例に、どういった攻撃が、自組織にセキュリティインシデントとして起こるのかを仮定した訓練をすることで、必要なことや足りていないことを知るきっかけとなります。

# おわりに

このたびは『改訂新版 セキュリティエンジニアの教科書』をお読みいただき、ありがとうございました。

本書は、日本シーサート協議会に加盟している組織の、現職のセキュリティエンジニアが執筆いたしました。執筆においては、一般企業におけるセキュリティエンジニアとはどのようなものか、その実像を理解していただくことが重要と考え、業務の具体的例を含めるようにしました。加えて、セキュリティエンジニアとしてぜひ知っておいていただきたい基礎知識も多く記載しました。なお、本書ではセキュリティエンジニアに関する多くのことを記載いいたしましたが、残念ながら紙面の都合上、簡略化や省略した部分もあるため、さらに知見を求められる方はその分野の専門書を参照してください。

情報セキュリティの分野はITの進化とともにどんどん高度化、細分化が進み、1人のエンジニアがすべてを実施することは難しくなっています。

そのため、いうまでもないことですが、セキュリティ業界は常に人材を募集中です。本書がきっかけとなり、皆さまがセキュリティ業界に参加されること、また活躍されることを願っております。そして、皆さまがセキュリティエンジニアとしてのキャリアパスを考える際、どのようなエンジニアを目指すのか、情報セキュリティの中でもどのような分野で活躍するのか、本書が検討のお役に立てば幸いです。

最後に、本書を世に送り出すにあたり、お世話になりましたC&R研究所、ならびに日本シーサート協議会の関係者の皆さまに感謝申し上げます。ありがとうございました。

2024年3月

一般社団法人 日本シーサート協議会
シーサート人材ワーキンググループ
執筆者一同

索引

参考文献

ISO/IEC 27001:2022 Information security, cybersecurity and privacy protection
— Information security management systems — Requirements
NIST
「NIST Special Publication 800-30 Revision 1 Guide for Conducting Risk Assessments」
(https://csrc.nist.gov/pubs/sp/800/30/r1/final)

NIST「least privilege」(https://csrc.nist.gov/glossary/term/least_privilege)

NIST「NVD」(https://nvd.nist.gov/)

総務省「国民のためのサイバーセキュリティサイト」
(https://www.soumu.go.jp/main_sosiki/cybersecurity/kokumin/index.html)

経済産業省「情報セキュリティガバナンス導入ガイダンス」(https://www.meti.go.jp/policy/
netsecurity/docs/secgov/2009_JohoSecurityGovernanceDonyuGuidance.pdf)

デジタル庁「政府情報システムにおけるセキュリティ・バイ・デザインガイドライン」
(https://www.digital.go.jp/assets/contents/node/basic_page/field_ref_resources/
e2a06143-ed29-4f1d-9c31-0f06fca67afc/7e3e30b9/
20240131_resources_standard_guidelines_guidelines_01.pdf)
内閣サイバーセキュリティセンター「政府機関等のサイバーセキュリティ対策のための統一基準群」
(https://www.nisc.go.jp/policy/group/general/kijun.html)

内閣サイバーセキュリティセンター「政府情報システムのためのセキュリティ評価制度(ISMAP)」
(https://www.nisc.go.jp/policy/group/general/ismap.html)

CRYPTREC(https://www.cryptrec.go.jp/index.html)

独立行政法人情報処理推進機構
「NIST Special Publication 800-53 Revision 5 組織と情報システムのためのセキュリティ
およびプライバシー管理策」
(https://www.ipa.go.jp/security/reports/oversea/nist/
ug65p90000019cp4-att/000092657.pdf)
独立行政法人情報処理推進機構
「NIST Special Publication 800-53B 組織と情報システムのための管理策ベースライン」
(https://www.ipa.go.jp/security/reports/oversea/nist/
ug65p90000019cp4-att/000092658.pdf)

独立行政法人情報処理推進機構「暗号利用に関するガイドライン・ガイダンス」
(https://www.ipa.go.jp/security/crypto/guideline/)

独立行政法人情報処理推進機構「NIST Special Publication 800-130」
（https://www.ipa.go.jp/security/crypto/gmcbt80000005u4j-att/SP800-130.pdf）

独立行政法人情報処理推進機構「暗号鍵管理システム設計指針（基本編）」
（https://www.ipa.go.jp/security/crypto/guideline/ckms.html）

独立行政法人情報処理推進機構「暗号鍵管理ガイダンス」
（https://www.ipa.go.jp/security/crypto/guideline/ckms.html）

独立行政法人情報処理推進機構
「ゼロトラスト導入指南書～情報系・制御系システムへのゼロトラスト導入～」
（https://www.ipa.go.jp/jinzai/ics/core_human_resource/final_project/2021/
zero-trust.html）

独立行政法人情報処理推進機構「中小企業のためのセキュリティインシデント対応手引き」
（https://www.ipa.go.jp/security/guide/shiori.html）

独立行政法人情報処理推進機構「中小企業の情報セキュリティ対策ガイドライン」
（https://www.ipa.go.jp/security/guide/sme/about.html）

独立行政法人情報処理推進機構「共通脆弱性タイプ一覧CWE概説」
（https://www.ipa.go.jp/security/vuln/scap/cwe.html）

独立行政法人情報処理推進機構「共通脆弱性識別子CVE概説」
（https://www.ipa.go.jp/security/vuln/scap/cve.html）

独立行政法人情報処理推進機構「JVN」（https://jvndb.jvn.jp/）

一般社団法人JPCERTコーディネーションセンター
「高度サイバー攻撃（APT）への備えと対応ガイド～企業や組織に薦める一連のプロセスについて」
（https://www.jpcert.or.jp/research/apt-guide.html）

一般社団法人JPCERTコーディネーションセンター
「CSIRTマテリアル 運用フェーズ インシデントハンドリングマニュアル」
（https://www.jpcert.or.jp/csirt_material/operation_phase.html）

一般社団法人JPCERTコーディネーションセンター「脆弱性情報ハンドリング」
（https://www.jpcert.or.jp/about/06_3.html）

一般社団法人情報マネジメントシステム認定センター「ISMSとは」（https://isms.jp/isms/）

一般財団法人日本情報経済社会推進協会（JIPDEC）「プライバシーマーク制度」
（https://privacymark.jp/）

NPO 日本ネットワークセキュリティ協会「「情報セキュリティ体制」をたずねられたら』
（https://www.jnsa.org/ikusei/info_security/01_01.html）

NPO 日本ネットワークセキュリティ協会「情報資産とは」
（https://www.jnsa.org/ikusei/01/01-01.html）

NPO 日本ネットワークセキュリティ協会
西日本支部 中小企業向け情報セキュリティポリシーサンプル作成ワーキンググループ
「情報セキュリティポリシーサンプル改版（1.0版）」（https://www.jnsa.org/result/2016/policy/）

金融情報システムセンター（https://www.fisc.or.jp/index.php）

日本カード情報セキュリティ協議会（https://www.jcdsc.org/pci_dss.php）

個人情報保護委員会
「EU（外国制度）GDPR（General Data Protection Regulation：一般データ保護規則）」
（https://www.ppc.go.jp/enforcement/infoprovision/EU/）

日本銀行「外為法とは何ですか？」
（https://www.boj.or.jp/about/education/oshiete/intl/g22.htm）

Lockheed Martin Corporation「Cyber Kill Chain」
（https://www.lockheedmartin.com/en-us/capabilities/cyber/cyber-kill-chain.html）

The MITRE Corporation「MITRE ATT&CK」（https://attack.mitre.org/）

The MITRE Corporation「CVE」（https://cve.mitre.org/）

The MITRE Corporation「CVE Numbering Authorities（CNAs）」
（https://www.cve.org/ProgramOrganization/CNAs）

CFS Tools「AC-2: Account Management」
（https://csf.tools/reference/nist-sp-800-53/r5/ac/ac-2/）

AICPA & CIMA「SOC（System and Organization Controls）」
（https://www.aicpa-cima.com/resources/landing/
system-and-organization-controls-soc-suite-of-services）

Microsoft「Microsoft Threat Modeling Tool」
（https://learn.microsoft.com/ja-jp/azure/security/develop/threat-modeling-tool）

Gartner「Next-generation Firewalls（NGFWs）」
（https://www.gartner.com/en/information-technology/glossary/
next-generation-firewalls-ngfws）

FIRST.org「CVSS」(https://www.first.org/cvss/)

FIRST.org「PSIRT Services Framework Version 1.1 日本語版」
(https://www.first.org/standards/frameworks/psirts/
FIRST_PSIRT_Services_Framework_v1.1_ja.pdf)

Carnegie Mellon University「CERT/CC Vulnerability Notes Database」
(https://www.kb.cert.org/vuls/)

IETF Datatracker「The Transport Layer Security (TLS) Protocol Version 1.3
(https://datatracker.ietf.org/doc/html/rfc8446)

NTTデータ先端技術株式会社「MITRE ATT&CK その1 ～概要～」
(https://www.intellilink.co.jp/column/security/2020/060200.aspx)

株式会社NTTデータ「ニューノーマル時代に目指すセキュリティルール」
(https://www.nttdata.com/jp/ja/trends/data-insight/2021/1209/)

MDN Web Docs 用語集「Cipher suite(暗号スイート)」
(https://developer.mozilla.org/ja/docs/Glossary/Cipher_suite)

ITmedia
『MITRE ATT&CK(マイターアタック)とは?
「今のサイバー攻撃って何してくるの?」が分かる6つの利用方法』
(https://atmarkit.itmedia.co.jp/ait/articles/2207/21/news003.html)

日経クロステック編(2020)「すべてわかるゼロトラスト大全」(日経BP)

株式会社Photosynth「ICカードで入退室管理を行うメリット・デメリットを徹底解説」
(https://akerun.com/knowledge/20220822/)

日本シーサート協議会 CSIRT 人材 WG「CSIRT 人材の定義と確保」
(https://www.nca.gr.jp/activity/training-hr.html)

日本シーサート協議会 CSIRT 人材 WG「CSIRT人材の育成 Ver1.0」
(https://www.nca.gr.jp/activity/training-hr.html)

■著者紹介

一般社団法人 日本シーサート協議会 シーサート人材ワーキンググループ

一般社団法人 日本シーサート協議会（通称NCA）は、シーサート間の緊密な連携を図り、シーサートにおける課題解決に貢献するための組織です。

シーサート人材ワーキンググループは、各シーサートの人材に関する悩み・課題を解決に導くことを目的に活動を行っており、実際の現場の知見をもとにした、シーサートの現場で活用できるドキュメントの作成と公開を行っています。

■執筆者一覧（50音順）

阿野 勝／阿部 恭一／井出 雄介／大石 眞央／大谷 尚通／岡村 耕二／
北尾 辰也／佐藤 芳紀／柴山 芳則／寺西 照一／中澤 聡一郎／前畑 隆志／
松方 岩雄／松平 義之／松本 勝之／間中 綾人／丸岡 航太／宮下 海里／
山分 皓太／百合 彩香／李 玉莉

編集担当：吉成明久 / カバーデザイン：秋田勘助（オフィス・エドモント）
写真：©205105448 - stock.foto

改訂新版 セキュリティエンジニアの教科書

2024年4月18日　　初版発行

著　者	一般社団法人 日本シーサート協議会 シーサート人材ワーキンググループ	
発行者	池田武人	
発行所	株式会社　シーアンドアール研究所	
	新潟県新潟市北区西名目所4083-6（〒950-3122）	
	電話　025-259-4293　　FAX　025-258-2801	
印刷所	株式会社　ルナテック	

ISBN978-4-86354-437-6 C3055
©Nippon CSIRT Association, 2024

Printed in Japan